咖啡猫女 著

# 女人，修养全攻略

Nuren Xiuyang
Quan Gonglue

砺炼女人修养
打造女人气质
规范女人礼仪
提升女人内涵

中国纺织出版社

## 内容提要

做人要有修养，做女人更要有修养，尤其是爱美的女人。因为女人的美不单体现在漂亮的脸蛋、华丽的服饰上，更体现在得体的礼仪、优雅的谈吐举止上；不单体现在羸弱娇羞的魅性中，还体现在腹有诗书的知性和长袖善舞的灵性中……女人要想美得彻底，就一定不能只重视靓丽的外表而忽视丰富的内涵。本书旨在教给女人如何提升自身的修养，让自己呈现出自信、宽容、独立、成熟、风情，从而让美丽的色彩不会随着岁月流逝而渐失光泽，使自己变得静若幽兰，芬芳四溢，耀眼迷人。

**图书在版编目(CIP)数据**

女人修养全攻略：做个由内而外的美丽女人/咖啡猫女著. —北京：中国纺织出版社，2011.2
ISBN 978-7-5064-7032-2

Ⅰ.①女… Ⅱ.①咖… Ⅲ.①女性—修养—通俗读物 Ⅳ.①B825-49

中国版本图书馆 CIP 数据核字(2010)第 226813 号

策划编辑：王　慧　　责任编辑：江　飞
特约编辑：李巧新　　责任印制：周　强

中国纺织出版社出版发行
地址：北京东直门南大街 6 号　邮政编码：100027
邮购电话：010—64168110　传真：010—64168231
http://www.c-textilep.com
E-mail:faxing@c-textilep.com
北京华戈印务有限公司印刷　各地新华书店经销
2011 年 2 月第 1 版　2015 年 2 月 第 2 次印刷
开本：710×1000　1/16　印张：19.5
字数：197 千字　定价：32.80 元

# 前 言

爱美是女人的天性。女人要想让自己美丽动人，只靠漂亮的容貌与华丽的服饰是远远不够的。一个没有知识的女人会美得浅薄，一个没有修养的女人会美得空洞，而容貌之美会随着岁月的流逝而褪色。因此，要想美得持久，做个有修养的女人才是最佳选择。

热爱生活也是女人的天性。没有一个女人希望自己的生活一团糟。女人天生充满灵秀的气息，细腻柔美，对自己以及世界都充满了美好的愿望和期盼。这需要女人用生来的灵性和才智来不断地学习，提炼自己生活的点滴，为精彩的人生打下坚实的基础。

做人要有修养，尤其是做女人。良好的修养不但让一个女人更加美丽，也是获得和把握机遇的重要前提，是为人处世的重要原则，是让女人获得别人青睐的法宝，也是女人永葆青春的良药，更是女人丰满自己人生的重要元素。

女人的美已不单体现在漂亮的脸蛋、华丽的服饰上，更体现在得体的礼仪、优雅的举止谈吐上；不单体现在羸弱娇羞的魅性中，还体现在腹有诗书的知性和长袖善舞的灵性中，甚至是具有叱咤风云的领导能力与力挽狂澜的聪明才智上……女人要想美得彻底，美得全面，就一定不能只重视靓丽的外表而忽视丰富的内涵。

女人有修养，就会呈现出自信、宽容、独立、成熟、风情，她们成熟稳重中带有一点挑衅式的野性，内敛含蓄中带有一点妖娆式的

张扬，这往往会让她们更具女人味。对于有修养的女人而言，她们拥有或健康或优雅或奔放的性感，拥有让别人判断不出年龄的容貌和体态。她们因为自身的修养而变得静若幽兰，芬芳四溢。她们的色彩不会随着岁月的流逝而渐失光泽，相反却愈发耀眼迷人。

有修养的女人永远不会被时代淘汰，因为她们追求时尚，不只是衣着的时尚，也追求思想的时尚。她们不断地充实自己，让自己的书卷气胜过脂粉气；她们能够理性地思考，感性地生活；她们有着巾帼不让须眉的精神，坚强而进取；她们富有女人味，懂得感受生活，享受情感。她们的美已经不再单薄，而是美得全面，美得彻底。

有修养的女人如水一般清澈灵秀，她们有着单纯而善良的心地，有着诚信磊落的性格，能够包容别人，对自己却是精益求精。她们风度翩翩，谦虚智慧。以修养为招牌的女人，往往会因为具有良好的修养而收获美好的未来，她们在家庭中饰演着重要角色，让家充满爱的气氛；她们在工作上努力拼搏，力争做出优异的成绩。

有修养的女人也是社交中的佼佼者。她们出入各种场合，讲究礼仪，不但是对别人的尊重，也展示了独特的个人魅力。在人际交往中，她们能够左右逢源。她们的优雅得体不但丰富了自己的形象，也更容易获得别人的好感。

所以，做女人就要做有修养的女人，让自己内外兼修。

咖啡猫女

2010年12月

CONTENTS 目录

## 第一章 修养之于女人，一生不容忽视的必修课

## 第二章 提升气质，让女人举手投足均显优雅

## 第三章 强化品质，让女人的人格魅力永远闪光

## 第四章 充实内涵，让女人洗尽铅华却不减底蕴

## 第五章 修炼女人味，女人特有的妩媚由此而生

## 第六章 重视形象，良好的修养靠形象来展示

## 第七章
## 讲究礼仪，有礼有节的女人方显良好修养

## 第八章
## 培养职业修养，在职场竞争中打造一片天地

## 第九章 提升语言修养，谈笑风生中彰显从容风范

## 第十章 打造社交修养，在你来我往中和谐相处

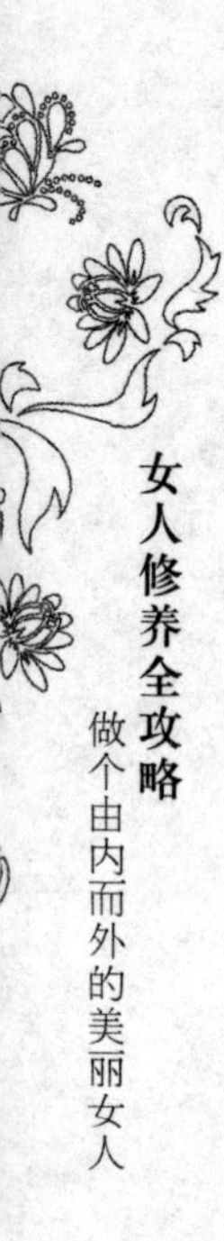

## 第十一章
## 坚守性情修养，淡泊宁静中收获美丽人生

# 第一章

## 修养之于女人，一生不容忽视的必修课

女人如花一般美丽，然而，女人的容颜，终会有衰老的那一日，就像花儿总有凋谢的那一天。不过，一个女人若是有涵养，不管到了什么时候，她在大家心目中都不会褪色。不论是在职场还是在其他场合，修养对女人都起着极其重要的作用，有修养的女人更会受到别人的欢迎，也更容易走向成功。因此，提高自身修养，是一个优秀的女人一生不容忽视的必修课。

# 女人可以不漂亮，但是不能没修养

女人拥有美丽的面庞、窈窕的身段，让人艳羡，然而，若是只有美貌，却没有涵养，难免让人觉得美得空洞；若是只有窈窕，却没有素质，恐怕也不会受人青睐。相比之下，那些比较有修养的女人，不论在什么场合，都会获得别人的尊重。一个有修养的女人，她懂得如何去尊重别人，也具备包容、爱心、诚实等良好的品质，即使没有漂亮的脸蛋，没有华丽的服饰，她一样可以拥有幸福的家庭生活，一样可以在社交场合中游刃有余，一样可以取得事业的成功。对于女性来说，追求外在美无可厚非，然而注重修身养性更应在追求华丽的外表之上。

某大型公司招聘总经理助理，待遇优厚，很多女孩前来面试。她们都认真地准备了简历，并且画着漂亮的妆，穿上了自己最时髦的衣服，于是，一个个靓丽的美女出现在了应聘场合。然而，这么多人面试，录取名额却只有一个。大家一边默默地祝福自己能够入选，一边想象着这么大的公司，能被总经理看上的助理一定是个花枝招展的女子。可是，当面试结果出来的时候，她们却大跌眼镜。一个叫盛雪的女孩子被录用了，可她既没有美丽的外表，也没有时髦的打扮，她是那么的普通……很多人都觉得自己比她强得多，对于自己被淘汰耿耿于怀，然而，总经理的一席话却让她们心服口服。

"感谢大家来参加此次招聘，从大家一进门，我就已经注意到各位的行为了，你们当中只有盛雪把走廊里倒在地上的扫把扶了起来，而且，她进入公司之后一直姿态优雅，举手投足都大方得体，而不是等到开始面试时才走着端正的步子。再者，她的简历上填的更多的是她参加过的爱心活动，而不只是获过多少奖项。如此一个有爱心、细心，又不夸夸其谈的女孩，正是总经理助理的最佳人选。"

在这么多人中脱颖而出，盛雪所依靠的并不是美丽的面容，而是她的修养。虽然漂亮的外表可以获得别人的羡慕，但是能让人从内心产生敬意的还是修养。良好的修养不仅是女人获得良好人缘的前提，也是女人在职场中获得成功的催化剂。

修养可以使人变得清澈、宽容，它就像水一样，也许你不口渴的时候，感觉不到有多需要它；可一旦需要了，才体会到它的重要性。同样，对于提升女人的气质，修养也起着必不可少的作用，缺少了它，女人即使有漂亮的容貌，也未必能够获得自己想要的成果。

娇娇是一个个子高挑、相貌出众的女孩，走在大街上，总会吸引不少人的眼球。有一家公司正在招聘形象代言人，娇娇觉得这是个非常好的机会，于是报名准备参加面试。她利用周末的时间去商场购买衣物，打算应聘那天穿。尽管商场里的衣服琳琅满目，但是唯独一条裙子吸引了娇娇的眼球，当她走近时，却发现另一个女人也走向了这条裙子。娇娇怕裙子被她买走，竟然出口道："这裙子我要了，这是我们年轻人穿的，你穿肯定不会好看的！"

说罢，娇娇拿着裙子径自走向了收银台，全然没有想到自己这么对别人说话欠妥，甚至有伤别人的自尊。娇娇回到家里，穿着裙子走猫步，感觉真是太合身了，她庆幸自己抢下了这条裙子。然而，面试

那天，她却傻了眼，那天看上这条裙子的女人，竟然是这家公司的老总。娇娇不好意思再待下去，于是灰溜溜地离开了。

爱美之心人皆有之，如果当日娇娇委婉地告诉那个女人，自己需要这条裙子，对方也许不会跟她抢。然而，她却毫无礼貌，出言不逊，这样，即使她面容姣好，她的美丽也会大打折扣，因为没有修养的女人是不会真正受人欢迎的。娇娇因为这一件小事，错失了这么好的机遇，实在可惜，如果她能认识到自己的错误，进一步提高自己的素质，在未来的日子里，一定可以取得长足的进步。

无论是外在美还是内在美，都是美丽人生的重要组成部分。对修养的认知，是养成好心态的一个过程。女人的人生中面临着各种选择，而无论怎样的选择，拥有良好的修养，对女人待人处世都有很大的帮助。其实，内外兼修，对所有的女人都是适用的。良好的内在美，会让女人散发出独特的魅力，为女人提供更广阔的天地。

修养，听上去像是一个概念，然而它却融入生活中的点点滴滴，哪怕只是一个微笑，一份关怀，一次宽容，都会是修养的一种体现。它如一缕和煦的春风，让别人轻松愉悦，也让自己神清气爽。作为女人，更应该提高自己的修养，因为它将成为你生活中的一张王牌。

# 良好的修养是女人的未来

18世纪末的政治家、思想家勃克曾说过：“修养比法律还重要……它们依着自己的性能，或推动道德，或促成道德，或完全毁灭道德。”对于女人来说，良好的修养同样重要。

拥有良好修养的女人就如同涓涓小溪细细流淌着，小溪流过滋润了土壤。有修养的女人就如同小溪一样，用纯净简单的心态去对待万物、包容万物。面对纠纷和矛盾的时候，有修养的女人都会展现出宽容的一面，用广博的心胸默默包容，化干戈为玉帛，从而将品质的光辉转化为影响力和凝聚力。就是这样，有修养的女人在职场和生活中都能令自己处于不败之地。身为女人，用良好的修养作为自己的底色，无论身处温室还是僻壤，都会游刃有余地面对一切，尽显生命之华彩。

一个阳光明媚的午后，两个少妇带着各自的孩子在小区里玩耍。调皮是小孩子的天性，两个小家伙东摸摸、西碰碰，对什么都是那样的好奇。

“不许摘花！”一声呵斥吓得两个孩子哇哇大哭起来，原来两个母亲只顾着聊天，注意力离开了孩子，而两个小家伙看着花园中的鲜花开得正艳，就一朵接着一朵摘了下来。呵斥声正是看花老人吼出来的。看花老人本来是想阻止孩子继续摘花，没想到由于嗓门太大吓到

了孩子，一脸愧疚地向孩子的母亲道歉。

看到受惊吓的孩子哇哇大哭，当妈妈的心里自然心疼，但是两个妈妈的做法却大相径庭。一个妈妈一边安慰孩子，一边向看花人连声道歉，承认孩子摘花是自己的过错。另一个妈妈却抱起孩子就对看花老人破口大骂，恶语相加。这时候很多人都看不过去了，纷纷指责对老人破口大骂的少妇："看花老人是尽他的职责，虽然方式欠妥，可是老人已经道歉了，你怎么还能去骂老人呢？"

听到周围人的议论，那个女人抱着孩子悻悻地离开了。

女人的修养就是从点滴小事中显露出来的。故事中得理不饶人的少妇外表虽然美丽，但是行为的粗鲁已经让她的美大打折扣，令人望而生畏。而另外一个肯于承认自己错误的少妇，其善待他人的做法体现出对别人的尊重，其实尊重别人也就是尊重自己，有修养的女人总会像花朵一样芳香四溢。

有修养的女人如春天的阳光一样和煦暖人，照亮未来。一个女人可以不漂亮，但是不可以没有修养。有修养的女人随着岁月的增加、生活的历练，沉淀下来的精华是拥有爱心，并且善于表达爱心。这类女人的爱心就像阳光般明媚可人，而阳光普照的地方会让人豁然开朗、神清气爽。

迪迪出生在一个知识分子家庭，爸爸和妈妈在同一所大学任教，她成长的环境既充满了书香气息，又宽松民主。从迪迪懂事时起，她的爸爸和妈妈就有意识地培养她的爱心，用妈妈的话讲："爱心是个人素养的一部分，只有拥有爱心的女人才能得到未来，得到幸福。"正如妈妈所说的一样，受父母熏陶的迪迪从小就很有爱心。长大后，迪迪的爱心成为她人生路上的引航灯，指引着她前行的方向。大学即将毕业，迪迪对父母诉说了自己的想法，想去边远山区支教。

原来，在大学期间迪迪一直是爱心志愿者，在她随学校去边远山区慰问时，她的心灵被撕裂了，一种剧痛猛然袭来。由于小村庄的偏僻与贫穷，来到这里的老师一个又一个地都走了，只留下渴望得到知识的孩子们。望着孩子们一双双清澈的眼睛，迪迪泪流满面，并暗下决心，大学毕业后一定来到这里支教，为孩子们送来精神食粮。

父母听到了女儿的愿望，沉思了一会儿，说："以你优异的成绩找到一份体面的工作并不难，但是我们尊重你的选择。不过，你要自己考虑一下，能否承受得了物质上的艰苦。"

"我受得了，只要那里的孩子能读上书，我什么都能克服。"迪迪斩钉截铁地说。

相信拥有爱心的迪迪一定能够为贫困山区的孩子带来精神食粮，帮助他们走出大山，改变自我。迪迪的修养来源于情感上的丰盈与独立，她的爱心是美丽的、纯洁的。

有修养的女人，拥有广阔的胸怀和博爱的内心。修养就如同山间那欢乐的百灵鸟，因为清脆地鸣叫，寂寥的山谷才回荡起美妙的声音；拥有修养的人就像山坡中朵朵盛开的杜鹃花，因为美丽的点缀，绿草成茵的山坡才充满绚丽的色彩。

女人需要修养，因为修养不但能够彰显出女人的本性，还能将女人身上的闪光点淋漓尽致地展现出来。有修养的女人懂得生活，明白未来的道路在哪里、该怎样走。这样的女人可以用良好的修养铲平人生旅途上的荆棘，垫平生活道路上的坑洼，向着幸福的曙光大步前行。

# 让好修养成为你的商标

当今时代的女性美已经不再是单纯的外表美丽与衣着华丽。现代社会遵循男女平等的准则，女人不再是男权社会下的附庸，不再如同花瓶一样只是一种增加美感的饰品。饰品需要的只是漂亮好看，现代社会追求人文素质，女人不应该再是干巴巴的饰品，只能靠全力修饰外在来提升自己。外在的修饰固然重要，但早已经不是女人的全部，如今很多事情都讲求“可持续发展”，女人的美也需要一种可持续发展的潜力。

让女人的美能够可持续发展，需要的就是内在的修养和品质，它们缺一不可，而支撑女人美丽的内在修养就是女人最好的“商标”。这个商标不仅仅是为了事业而“推出”自己，为“爱和家庭”标榜自己，也可以成为自己最好的信心来源。反复推敲自我，可以帮助女人进一步确立属于自己的一片精神空间。内在因素影响外在表现，好的内在修养可以帮助女人撑开社会活动空间，在家庭生活、爱情生活和事业当中用自己坚定的信念来追求充满魅力与自信的形象。修养带动女人的个人生活，具有含金量的女人，才配得上女人与生俱来的尊贵和细腻灵巧的气息。

有时候，提起一个女人，我们想到的不是她的相貌，而是她留给人的整体形象。我们往往想起她是泼辣，是活泼，是温柔善良，还是强势逼人。那些具有良好品质的女人，让人想起来总是感觉耳目一新；而那些没有修养的女人，让人想起来则会感到厌恶。因此，具备良好的修养，会给别人留下更好的印象。

孟娜是一个很有修养的女性，她出身于书香门第，毕业于名牌大学，不但有着丰富的学识、过人的胆识，还有着良好的素质。她温柔、善良、坚毅、果断，许多形容女性美的形容词用在她身上一点都不为过。在家庭中，她孝顺父母；在邻居的眼里，她从小就是一个乖孩子；在单位中，她乐于助人，对待工作热情、态度积极，深得领导的喜爱，并受到同事们的欢迎。提起孟娜，几乎每个人都称赞不已。

一次，孟娜的单位有一个去外国进修的机会，每个人都希望争取到这次机会，因为名额有限，只能一个人去，所以大家谁都不愿意放弃。然而，公司这次的考核非常严格，要调出每个员工从小到大的档案来，参考上面老师们的评语，还要员工进行互评。

在众多员工中，孟娜的好评是最高的，公司最终把这个机会给了孟娜，而孟娜也因此学到了更加丰富的知识。在国外，她依然保持自我本真，但是又不忘与时俱进。当她学成归来的时候，大家都热情地欢迎她。在她离开的这段日子里，大家都会时常想起她，想起她的音容笑貌，想起她的乐于助人。

孟娜获得这次机会，并没有招来别人的嫉妒，不得不说，孟娜的人缘很好，而人缘好也有一个前提，那就是自己首先要具备良好的素质。一个女人有修养，才能够让身边的人更喜欢自己；一个女人乐于去关怀他人，才能获得他人的关怀，甚至收获更多。

让好修养成为你的商标，你才会美得更加彻底，超越了只有外表的浮华，由内而外散发出的一种美感，才会让人心动不已；让好修养

成为你的商标，你才能获得良好的人缘，一个自私自利的女人总会让人觉得心胸狭隘，难以与之相处，而一个宽容大度、通情达理的女人则会更受大家的欢迎；让好修养成为你的商标，你往往会有意无意地获得更多的机遇，而这些机遇往往能助你走上一个更高的人生高度。

每个女人都有被别人记起，甚至是谈起的时候，如果在这个时候，你被评价为有内涵有修养的女人，那么你就是成功的。因为这样的赞美远远地超过了说你是个美女。因此，在你为了让自己更加完美而“修外”的时候，千万不要忘记了“兼内”。

# 修养决定女人的优雅程度

漂亮的女人也许只会让人多看几眼，提起她来，别人对她的印象也仅限于她的容貌，大家只会羡慕她的天生丽质而已；而优雅的女人却给人深刻的印象，大家会对她翩翩的风度和海量的气度表示赞叹甚至景仰。小心眼的女人对于小事总是耿耿于怀，生活中所充盈的都是抱怨与算计，如此一来，就失去了很多快乐；而有气度、有修养的女人，却能将事情看淡、看开，用一颗包容的心去对待身边的人和事，更容易与身边的人和谐相处，受到大家的欢迎。倘若一个女人有修养，有优雅的气度，即使她没有花容月貌，可是在别人的眼中，她依然是美的。

优雅不是依靠涂脂抹粉，也不是依靠名牌衣饰，而是依靠自身的修养。有修养的女人常常会遇事不乱，表现出难得的度量，这样的女人会让人乐于亲近，从而更容易建立起良好的人际关系，并且因为不斤斤计较，而不至于让生活中满是负累。

朱迪是一个人缘极好的女人。她的家中有一对祖传的陶碗，这碗已经历了多年的风风雨雨，朱迪非常喜欢它们，时常将它们捧在手上，仔细地欣赏着，她还想把这对陶碗留给下一代，下一代的下一代……

朱迪喜欢与朋友们分享快乐，每当有朋友来访，她便会将这陶碗

拿出，请对方一起欣赏，当听到对方的赞叹时，她更是心花怒放。然而有一次，朱迪将陶碗递给朋友时，朋友没有接稳，碗掉到了地上，摔坏了。两个人愣了一下，继而朋友表情尴尬，非常紧张地道歉。尽管朱迪十分心疼，但她还是笑笑说："如果世界上只剩下一只这样的陶碗，那它岂不是更加名贵了。"

朱迪的话化解了朋友的尴尬，虽然事后朋友一再表示要给她补偿，但都被朱迪拒绝了。她还说当时是她还没等朋友接稳就松了手，才会将碗摔坏，怨不得别人。朋友为自己的失手深感抱歉，同时也为朱迪有一颗宽容的心而深感敬佩。她知道朱迪酷爱收藏，便开始留意一些古玩藏品，最后送给了朱迪一幅古画，而那幅画正是朱迪早就想见识的。此事在朱迪的朋友圈内广为传播，大家都为朱迪的宽容而赞叹不已，当然也更加喜欢这个朋友了。

试想，如果朱迪当时对朋友抱怨、怒吼，那么，对于已经摔坏的陶碗也于事无补，甚至可能因此失去了这个朋友，进而让其他的朋友也感觉她小肚鸡肠，对她敬而远之。虽然发脾气是小事，碗被摔坏了，自己抱怨一下似乎也无可非议，然而带来的后果却可能很严重。相反，朱迪尽管喜爱这陶碗，却也明白碗已坏，任何的抱怨都没有意义，再说，朋友也不是故意将碗摔坏的，更何况，友情比陶碗更加宝贵，已经失去了陶碗，如果连友情也失去了，那实在不划算。于是，她用自己的幽默与宽容化解了这位朋友的难堪，不但让她们的友谊长存，而且还有了新的收获。

朱迪的包容心让人为之赞叹，正是因为她的修养，让她有了优雅的气度。可见，修养除了在一个女人的家庭生活、工作中起着重要作用，在女人的人际交往中，也是非常重要的。女人优雅的气度不是与生俱来的，它要靠我们努力培养，很多女子其貌不扬，却很受大家的欢迎，这跟她们的优雅气度是分不开的。

如果女人小肚鸡肠，那么难免跟身边的人磕磕碰碰，一点点小事都能让她情绪化，那么，别人一定会对她敬而远之。这样的女人朋友少，在自己的生活圈子里只能变得越来越狭隘，根本谈不上风度，更谈不上优雅了。女人不管是对朋友，对同事，还是对家人，都要用一颗宽容的心去对待，“己所不欲，勿施于人”，她的气度便会为人所赞叹，而她的优雅也会给众人留下深刻的印象。修养是一种内敛的知性气质，流淌在每一个自信的女人身上，那种淡定、从容，是一种优雅的美，与这样的女人相处，会让人感觉如沐春风，和谐美好。

每个女人都希望受到大家的喜爱，至少不要惹人烦，而真正能够吸引别人并愿意与之成为朋友的女人，往往是那些修养很高的女人，她们不会对别人的隐私挖掘个不停，不会抓住别人的小辫子不放，不会因为一点点矛盾而闹得不可开交，她们具有“得饶人处且饶人”的大度，也懂得“尊重别人就是尊重自己”的道理，不管是跟她们交谈，还是与她们共事，别人都不会感觉到压抑，不会让人时时处于戒备的状态。因为她们的良好修养，因为她们的高雅气度，别人以与她们成为朋友为荣，这样的女人会受到大家的欢迎，而她们的生活也会变得阳光灿烂。

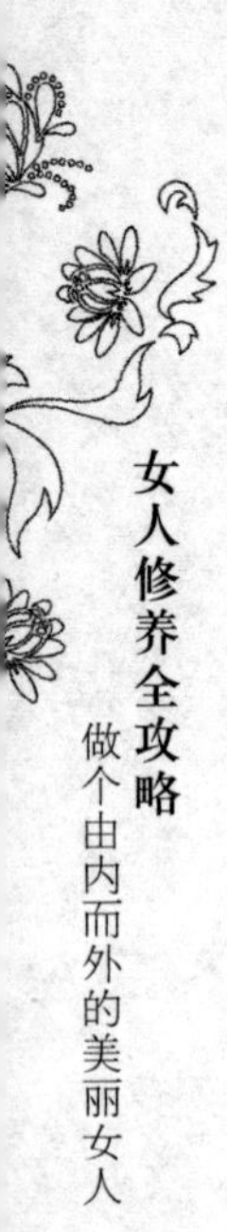



# 修养决定女人青春的长度

有人说，男人四十一枝花，女人四十豆腐渣。其实不然，很多四十多岁甚至更年长的女人依然美丽十足，魅力四射，丝毫不比年轻的女人差。很多女人生怕自己会显得衰老，整天忙着护肤养颜，三天两头往美容院跑，殊不知，虽然面容保养得不错，显得比实际年龄年轻了好多，可心态却还是老了。

有的女人把二十多岁当做青春，有的女人把三十多岁当做青春，然而，有了良好的修养，青春的心态便可以长存。所谓的青春永驻，并不是永远像二十多岁时候的容貌，而是心态永远无衰老。青春的长度是可以自己做主的，用自己的素质与修养来打造一个青春的空间，快乐的心态便可抹平脸上的皱纹。

杨青是一家婚庆公司的老板，她已经四十多岁了，可是，和三十多岁的女人在一起，却一点都不显老，甚至看上去还要年轻些。她每天都是那么快乐，似乎全然没有生活的烦恼，大家看到的往往是她的笑容，如此一个祥和的女人，实在很难想象她生气时是什么样子。

一次，在朋友的追问下，杨青讲述了自己保持年轻的秘籍："在公司，虽然我是老板，其他人是员工，但是我对他们就像对待自己的亲人一样，跟他们相处融洽。尽管我们年龄有差别，但是在一起的时候，我完全忘记了自己的年龄，他们也很喜欢我。在家里，我会善待自己的家人：丈夫回来了，我会为他倒上一杯热水，虽然只是小小的事情，却可以让他疲惫的时候感觉到家的温暖，他也会更加疼爱我；孩子有时候难免会犯错误，但是我会耐心开导他，我不娇惯孩子，我也不会采用打骂式教育。不要以为家人是最亲密的人，就可以对他们乱发脾气，其实只有善待身边的每一个人，才能得到别人温暖的笑容。”

杨青是一个很容易快乐的人，她性格单纯，很容易被别人的快乐感染。当有新人结婚时，她真诚地祝福他们，甚至主动为他们在电视台点歌。除了生意上的来往，她更作为一个过来人给予了新人们最真挚的祝福。杨青不但待人和善，而且每个月都会去孤儿院看望那些孩子们，经常给一些贫困的中学生提供助学金。她所拥有的是财富，当她把自己的财富跟别人一起分享时，也分享了别人的快乐。友好与爱心让她身边的人敬爱她、喜欢她，这样，快乐便会自然而至，而快乐的女人心不老，气质不老，青春便常在。

一个喜欢关心别人、照顾别人、有爱心的女人，又怎么会有闲暇去想自己是不是老了，从而加重自己的心理负担呢？女人的青春不是用年龄来衡量的，心态与活力相比之下会起到更重要的作用，有道是“红颜易老”，而提高自身修养，便是红颜不老的秘籍。

奇奇在一家公司做平面模特，同时负责公司的招聘事宜，看到越来越多的美女应聘，她的心中直打鼓。如果她们来到公司，一定会影响自己的工作，自己拥有的不过是越来越大的岁数，越来越苍老的容貌。想到自己在公司的地位可能会受到威胁，于是，她偷偷地删掉了公司信箱里的部分简历。然而，这种蹑手蹑脚的行为却让她极度不安，她常常因此失眠烦躁，人也苍老了许多。最终，她感觉在这里

无法干下去了，便选择了辞职。经理也没有挽留她，这让她非常的失落。

一年后，当奇奇跟经理在网上聊天的时候，终于有勇气道出了当年删除简历的事情。岂料经理说，其实他早就知道了，当初他没有挽留奇奇，是因为她完全没有了青春的状态。而当奇奇知道现在接替她位置的女人比她还要大两岁的时候，心中就像打翻了五味瓶一样。奇奇终于明白，原来青春不在于年龄，而是一种状态，如果她提高自身修养，对自己充满信心，就不必担心在激烈的竞争中被淘汰了。

年龄稍大的女人，多一点涵养，多一点自信，就不会逊于年轻姑娘；而年轻姑娘，更应该提高自己的修养，否则，只会徒有年轻的岁数，而心却已经苍老。要知道，女人彰显自己的青春，不是靠打压别人，而是靠提升自己，其中努力提高自身的修养是最行之有效的方法。

作为女人，尤其不要纵容自己的脾气，若是在公司里，别人看到的是你冰冷的面孔，那么，谁还愿意与你共事呢？若是在家里，你所表现的只有焦躁与烦恼，那么家人又怎么能感觉到家的温暖呢？

拥有一颗平常心，善待身边的人，做一个快乐的女人。要知道，快乐是可以传染的，当这个环境里因为有你而变得气氛祥和时，你也会更加开心。那么，青春的状态便会伴随你，青春的长度便会延伸，而你，也会是一个不为生活和年龄所累的快乐女人。

# 修养决定女人的交际宽度

什么样的女人招人喜爱？是年轻漂亮的女人吗？倘若年轻漂亮的女人傲慢得不得了，自私而贪婪，恐怕别人也只会对她敬而远之。什么样的女人朋友多？是时尚的女人吗？倘若时尚的女人只是一个花瓶，只会购物与打扮，完全没有内涵，恐怕她所散发出的吸引力也不是持久的。

相反，有修养有素质的女人，不管她们是否漂亮，是否追求时尚，都会受到别人的欢迎。当别人有开心的事情时，愿意对她讲，一起分享快乐；而当别人遇到困难时，也会向她求助，她会耐心地为别人排解烦忧。一个在别人开心与不开心时都能被想起的人，才是真正招人喜爱的人。这样的女人往往朋友很多，友谊会为生活添加不少的乐趣，而她的生活也会变得更加丰富多彩。

很多女人的交际局限性很大，平时所交往的无非是同学、亲戚、同事，然而即使在这个小圈子里，真正称得上朋友的人，也寥寥无几。而有修养的女人，就不会有这种情况存在。她们的朋友圈子非常的广，甚至不同年龄段、不同职业的，跟她们都会有一些交往，可见，这样的女人的知心朋友也相对很多。

陈晨在学校里的时候，同学有什么困难，她常常尽其所能地帮助他们。尽管她做过就忘了，可是别人却会记住她的好，愿意跟她做朋

友。如今，陈晨已经走出大学校园走上工作岗位一年多了，她的朋友除了同学，还有很多已经工作了的人，而且每个人都非常喜欢她。这让她的很多同学都感到很疑惑：刚刚踏入社会一年，居然能交到这么多的朋友。

2009年岁末，很多地方下了大雪，由于路面湿滑，远途的客车已经停止运行。眼看就要过年了，很多在城里工作的外地人都回不了家，大家心中无比焦急。春节，在这个中国最重要的传统节日里，有谁不想跟家人团聚呢？想想家人那期盼的目光，看看眼前的冰天雪地，还有那客车停止运行的冰冷的通告，大家的心都快急碎了。

陈晨所在的城市也下了好大的雪，看着满地的积雪，陈晨想，也许家乡的雪也有这么厚了，已经腊月二十七了，今天她便可以回到温暖的家中，跟亲爱的爸爸妈妈叙一叙自己一人在外的酸甜苦辣了。然而，当她兴冲冲地来到长途汽车站时，才听到过年后才开始发车的消息，当时，她就急了，她所着急的并不只是自己回不了家，而是还有许多像她这样家不在这个城市的人也无法回家了。于是，她翻看了一下自己手机里的电话簿，分别给自己有车的朋友打了电话，记录了一下有谁准备等雪化后驾车回老家，并且问他们愿不愿意顺道带上滞留在这个城市里的老乡回去。

陈晨是一个热心人，她的朋友们也都跟她一样热心，他们都理解被雪挡在这里的人们的急切的思乡之情，于是他们都爽快地答应了陈晨的请求。

陈晨是一个说干就干的女孩，她在网上发了帖子，安慰了像自己一样滞留在这里的外地人，并说自己愿意帮助他们拼车回家。很快便有人跟她打电话联系，陈晨将他们分别介绍给了自己的朋友们，终于，这些人都在陈晨的帮助下顺利地回家了。除夕之夜，陈晨收到了无数条祝福的短信，而她从此又多了许多朋友。

别人都羡慕陈晨朋友多、交际广，其实，正是因为她的热情与助人为乐，才使得她有了这么多的朋友。在许多时候，她能够想别人之所想，急别人之所急，她给了别人关怀，她才会得到众多人的关怀。天上不会掉馅饼，想得到就需要付出，若要得到别人的喜爱，自己就必须首先有可爱之处。

有修养的女人善解人意，跟别人在一起的时候，她们永远不会以自己为中心，拥有亲和力是她拥有更多朋友的前提，她们不会给别人制造麻烦，总是展现出自己最善良的一面；有修养的女人，在别人失意的时候，会给别人以安慰，而不是冷嘲热讽；在别人成功的时候，会给别人以祝福，而不是鄙视嫉妒；在别人倾诉的时候，会耐心地倾听，而不是不屑一顾；在别人困难的时候，会给以热心帮助，而不是视而不见……

其实，我们都懂得这样的道理：你希望别人怎样对待自己，就应该用怎样的态度去对待别人。只有这样，才能够与别人保持良好的交际关系，并逐步扩展自己的交际圈，从而获得更多的机会迈向成功。而一个有修养的女人，便具备扩展交际圈的能力。因为她的修养，众人都愿意做她的朋友；因为她的修养，众人都愿意对她伸出援手，如此一来，她的交际宽度必然会不断地拓宽。

所以说，有修养的女人如同清泉一般，纵使没有大海般澎湃，也会让人觉得韵味十足；纵使没有汪洋般开阔，也会让人感觉富有内涵。有修养的女人待人接物从容大方，她们有着非凡的气度，有着善良的品质，并且不断追求人格的完善。正是因为具备良好的修养，她们才会在交际空间中大放异彩，受人欢迎。

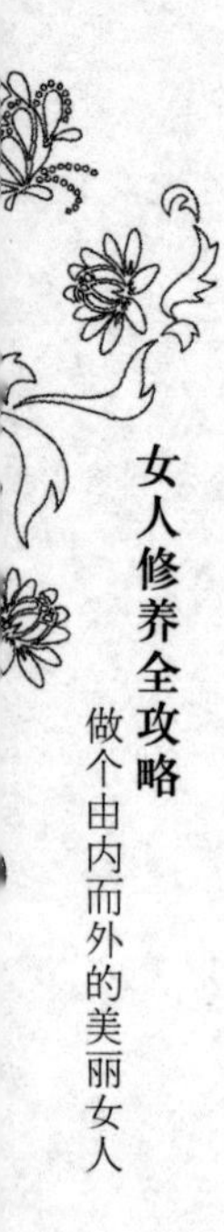

# 修养决定女人的职业温度

当今时代，女性已经有了越来越多的自主权，可以在学校里获得宝贵的知识，可以选择自己喜欢的专业，可以投身于喜爱的工作，然而，当女性步入职场后，一个个问题也会随之而来。职场不是在学校，所以不只是跟同学相处、挂科不挂科那么简单，如何在职场中站稳脚跟，如何跟同事相处，如何得到领导的信赖与器重，这都是学问。

有修养的女人即使是刚刚从学校步入职场，没有太多的与人相处的经验，却一样可以游刃有余，善良的品性便是她们在工作中获得进步的法宝。

霜霜是一个刚刚毕业的大学生，应聘到一家建筑设计公司做设计师助理。公司提供了为期一个月的培训，领导并没有因为她没有工作经验而忽略她，甚至像一个长辈一样关怀她。这让霜霜倍感庆幸，没想到第一份工作就这么合自己的意，她不但努力地学习专业知识，更勤勤恳恳地工作，从不偷懒。

然而，刚刚半年不到，公司就因为一次投资失误而面临着极大的危机，很多员工纷纷选择了跳槽。有人劝霜霜，现在招人的公司多了去了，别在这里空耗了。霜霜却摇了摇头，她相信公司一定能渡过这个难关。于是，她更加努力地工作，甚至为公司招揽一些小型项目。

其实，这些完全可以作为私活自己做，可霜霜却以公司的名义招揽，并将这些项目的款项如数交给公司。由于公司信誉一直不错，有几家固定的合作单位，没多久，公司的状况就出现了回温，老板不但给霜霜加了薪水，而且还让她做了主创设计师。虽然霜霜对于自己没有工作经验，能不能做主创设计师还有点犹豫，老板却鼓励她说："你是一个锲而不舍的女孩，爱岗敬业，因为公司培育了你而抱有感恩之心，你为公司招揽项目并认真完成，已经完全突显了你的工作能力，像你这么积极主动的女孩，一定会大有前途。"

果然，在老板的提点之下，霜霜把工作做得有声有色，并且多次被公司派去参加培训。不到两年，霜霜就已经有了过硬的专业本领，并成为公司的二把手，拿着不菲的薪水。然而，她更看重的是这个公司营造的学习氛围，还有领导对下属的关怀。她很庆幸，当初没有像其他员工那样选择跳槽，因为在这里，她收获了事业的果实，工作也给她带来了快乐。

没有谁的人生是一帆风顺的，也没有几个单位能够顺顺利利四平八稳地运行，霜霜才来这个公司不久，公司就遇到了麻烦，若是她没有坚毅的品质，一定会受到很大的打击，因为在求职难的当下，走出校门的第一份工作就这么夭折了，谁都会难过。而若是她像其他员工那样选择离开，如今，她也许还在求职的道路上摸索。她没有这么做，她想起了公司对她的培育，想起了领导对她的关怀，她要以实际行动来报答公司。也许霜霜并没有想过，当危机过去，领导定会对她刮目相看，她只是因为一份感恩图报之心才做出了这样的选择，而霜霜之所以能有今天，完全是因为她当日的那份感恩之心，那坚毅的品格，那执著的精神，还有她的那份单纯与明净。

女人追求事业的成功，往往会用高学历作为敲门砖，用过硬的专业技能来挑战工作，然而有时候胜出的人却往往让人感觉到意外。其实，正是她们的那份单纯与善良，那种摒弃了自私、不善于精打细算的品质，成就了她们在事业上的成绩。

一个有修养的女人，会有认真学习的品质，即使自己的专业技能不如别人，也会努力地吸取别人的优点，取长补短，而不是去贬低别人。没有谁能一步登天，凡事要踏踏实实，一步一个脚印，稳扎稳打，从基层做起，才能稳步走向成功。

一个有修养的女人，在职场中胜出的方式不是巴结领导，也不是排挤同事，而是提高自身的专业素质与人身修养，从容地面对工作中出现的难题，这样的女人才能把工作做得更好，而当她们的工作经验越来越丰富时，她们在职场中也会越来越从容不迫。相反，那些只会要小心眼、钩心斗角的女人，即使幸运之神降临到她的头上，机会来到她的跟前，她也抓不住，因为这时她才发现很多事情她做不来。

职场如战场，但是并非只有处处压制别人、排挤别人，才能取得胜利。在职场中，真正能够获得领导赏识的，是那些兢兢业业，能够为公司作出贡献的人，而不是那些无风掀起三尺浪的人。后者即使取得了小小的成功，自己的所作所为也会成为她日后发展的绊脚石。相反，那些专业技能与个人修养都不错的人，才是一个公司发展所真正需要的人，她们也更容易获得升迁的机会，为自己的事业奠定成功的基石。

# 修养决定女人做人的纯度

一个心灵纯净的女人，会摒弃诸多杂念、物质的奢华与无止境的贪欲，心如明镜，她的人生少了一些可悲而无意义的精打细算，多了一些平静而祥和的生活。然而，越是这种心无旁骛的女人，越是容易得到上天的眷怜。她们有着高尚的品质，完善的人格，在任何时候都不会将个人私利摆在第一位，这样的女性如同一杯浓茶，越品越有味道。纯洁的人性让她们在前行的道路上踏踏实实地登攀，从而获得机遇，获得成功。

某私企副总辞职，职位空缺，老总想找个合适的人继任。此时，大家都瞅准了这个位子，努力地表现自己，主动加起了班，甚至巴结老总。然而，就在大家全然没有准备的时候，老总却忽然宣布了副总的人选——京京，一个普通的办公室职员。她只是工龄长点而已，除此之外，跟其他人比起来，她全然没有优势，她既不是一个色相出众的大美女，也不是高学历的女孩，更没有什么家庭背景。对于老总的选择，大家大惑不解。

老总讲起了一件事情："上周，我曾经分别找你们帮我买过东西。"

大家的脑海中都泛出了上周老板让自己买东西的情形。当时他们以为，这种事情让他们去做，是因为老总对他们比较看得上眼，以为

自己继任副总有戏了呢，正做着黄粱美梦，没想到今天老总却忽然公布了人选，而且不是自己，他们不免感到意外。

此时，老总的脸忽然板了起来，声音也严肃了起来：“为什么买的东西一样，在同一个地方买的，价格却有出入呢？如果连发票上的小数字都要作弊，那么，让我如何信得过你们，让你们去接替副总的位子呢？”

有的人脸马上红了，惭愧地低下了头，想想自己为了拿点私房钱，竟然在发票上作弊，而老总当时只是乐呵呵地给报销了，他们还以为万无一失呢，他们又怎么会想到，姜还是老的辣，老总不过是想用这种方式来考验他们罢了。老总是以小见大，而他们则是因小失大。再想想京京，候选人中，几乎谁都比她有资格，可是，在这次人格魅力的比拼中，唯独她胜出了，这跟她良好的修养是分不开的。虽然京京貌不惊人，可是平日里她工作勤恳，待人真诚，跟大家的关系都很融洽。这次，大家实在是输得心服口服。

也许京京并未想到买东西竟然是这次晋升的考题，但是她公私分明，不会为了填自己的腰包而在发票上弄虚作假。可见，在小事上不贪婪的人，才更能获得他人的信任。

女人，不论走到哪里，都会融于一个群体中，漂亮的外表会吸引别人多看几眼，而真正有修养的女人才会让别人尊重且愿意接近她。因为她的和善，别人才愿意跟她成为朋友；因为她的通达事理，别人才愿意跟她共事；因为她的单纯，别人才不会排斥她……所以说，提高自身修养是女人行走于各种场合必备的品质，也是立足于社会的有力武器。

郝妍是一家公司老总的秘书，她因为工作能力与组织能力都不错，深得老板的赏识。老板正准备给她安排个部门经理的职务，可这段时间却发生了一件事情，让郝妍在老板心目中的地位彻底跌入了低谷。

公司来了一个二十多岁的年轻女孩，老板给她安排好了职务，女孩便开始来公司上班。因为这个女孩没有经过面试等应聘程序，郝妍便觉得她同老板的关系非同寻常，于是经常暗地里跟别人议论这个女孩，说她可能是老板的情人，还对人家嗤之以鼻，在工作上也是相当地不配合，看人家软弱便经常刁难。郝妍平时就是个欺软怕硬的女人，有些人早就看不惯她了，便将她的这些话告诉了老板，老板便打消了给她升职的念头。一个将脾气带入工作中，没有集体责任感的人是不能担当重任的，而且把精力用在八卦别人的私事上的女人，更是难以成大器。

那个女孩干满一个月后便要离开了，临行前跟大伙一起吃饭，郝妍才知道原来她是老板的女儿，利用暑假来公司里锻炼的。当她知道老板曾经想过给她升职后，更是追悔莫及。

郝妍作为一个事业型的女人，不是没有晋升的机遇，而是她自己将机遇丢掉了。如果她不去传播谣言，那么老板未必会对她有看法；如果她平时对大家一视同仁，而不是欺软怕硬，别人也不会给她穿小鞋。有个词语叫“前因后果”，自己做过的事情，往往会关系到自己日后的发展。所以，女人要提高自己的修养，在为人处世上能够大方得体，而不是给人留下不良的印象，这样，自己也才能够获得更好的发展。

有修养的女人能够拥有广阔的胸襟，能够为别人着想，助人为乐，而不是去给别人制造麻烦。她们不会把精力放在毫无意义的琐事

上，不会成为人们心中所谓的“小人”。有修养的女人能够严于律己、宽以待人，时刻告诫自己“静坐常思己过，闲谈莫论人非”，因此她们不会招致口舌之争，而会成为别人眼中正直、沉稳的人。

由此可见，有修养的女人，也许做事不够尽善尽美，但是她们做人却绝对至真至纯；有修养的女人，也许对自己不够尽心尽信，但是她们对工作却尽职尽责。无论何时，她们都不会违背做人的原则，都会始终保持做人的本真。

# 修养决定女人的人生高度

谈到人生的追求，有的女人说，想找个有钱的老公嫁了，过上穿名牌、住豪宅、开名车的生活。很多女人的这个理想实现了，可是生活却变得越来越空虚乏味，尽管衣食住行无忧无虑，却全然没有自己许多年前幻想的那么幸福，甚至因为这种疲惫的状态而导致了婚姻危机。并不是每一个做了家庭主妇的女人都有这般境遇，有些人虽然不像她们那般有钱，可是却能始终保持快乐，这是因为她们有乐观的心态，有良好的素质，能够保持充实的生活，而不仅仅将理想停留在名牌服装和豪华车宅上。

人生追求也是女人修养的一种体现，很多女人的追求并没有停留在物质上，她们有的追求事业的成功，有的追求人生的奉献，这样的女人永远都会活力四射，她们的思想永远是积极向上的，而不是贪图一劳永逸。思维活跃、行动积极的女人永远都让人感觉到年轻，她们更容易达到更高的人生高度。

肖琳初中毕业后就因为家庭贫困而辍学了，但是她并没有因此而放弃自己的理想。她来到了城市里，找了一份工作，在一个八旬老人家里做保姆。这位老人的老伴已经过世，她腿脚不是很灵便，儿女们工作都忙，所以想请个保姆。可是，大家都嫌伺候一个行动不便的老人太麻烦，没有人愿意应聘。而肖琳却觉得，谁都有老的那一天，

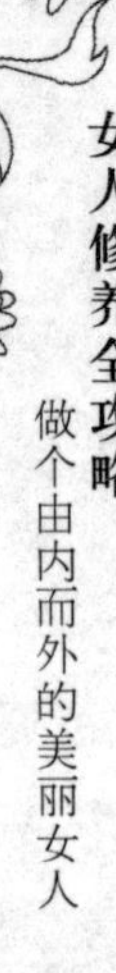



老人上了年纪，孩子又不在身边，更需要有个人陪她说说话，排解烦闷。于是，肖琳便接下了这份工作。

肖琳工作认真，一日三餐都照顾得很周到，老人的衣服她也给洗得干干净净。每当老人夸奖她，她便说这是自己分内的事情。她同老人畅谈自己的理想，谈自己的故乡山水。她对待老人很和善，就像对待自己的亲人一样。同时，她也不忘利用闲暇时看书学习知识。老人家里有很多藏书，她很开心地将书借给肖琳看，看到肖琳那贪婪学习的样子，老人觉得这个孩子爱学习，而且平日里也很本分，便越发喜欢肖琳。

老人很感激肖琳，每当逢年过节，总是多给她几百块钱，让她回趟家，还常常跟自己的孩子们夸奖肖琳。两年之后，老人寿终正寝。正是因为肖琳的照顾，老人才没在晚年受什么罪。老人有个儿子是一个学校的老师，他出于感恩帮肖琳办理了五年一贯制中专大专学校的入学手续，使得肖琳重新回到了校园。她深知这次学习机会来之不易，于是加倍地珍惜。5年后，她以优异的成绩考取了本科院校，选择了自己喜欢的专业，并且在毕业后找到了一份不错的工作。

当年，肖琳来城里打工是为了赚钱，在爱心的驱使下，她选择了照顾这位行动不便的老人，她用自己的爱心与关怀让这位老人有了一个愉快的晚年，而她的人生也从此改写。如果没有遇到这位老人，也许她这辈子再也没有了上学的机会，甚至直到今天，她可能也只是一个保姆。

生活是丰富的，有很多人认为，解决了物质生活，一切问题都可以迎刃而解。当一个女人倾尽一生去追求物欲的满足时，结果却往往是越来越茫然，人生失去了动力，纵声酒色，让人逐步失去对人生意义的追求。不难发现，穿金戴银似乎并不能让一个人拥有一种独特的魅力，尽管她吸引了众人的眼球，但有时候大家注意的并不是人本身，而是金银饰物。

投入就是一种幸福。有的女人总在抱怨，自己的生活多么不幸，命运如何不公等。诚然，每一个幸福的人都有各自的幸福，但不幸却有着种种相似之处，而其中一种就是过度奢望一个结果似的归宿。生活是需要经历的。有人说，因为女人需要养育下一代，所以她们对环境有要求也并不过分。遗憾的是，很多女人放弃了努力，本来可以用行动改变身边的境遇，却把希望寄托在了别人身上。

有时候，抛开简单的物欲，面对不同选择的时候，献出一份爱心，用爱心浇注生活，播撒爱的种子，才能收获爱的果实。人生的长度无法控制，人生的高度却可以自己选择。高尚的追求将会让一个女人的人生更上一层楼，有修养的女人在人生的道路上，也将会步入一个别开生面的舞台。

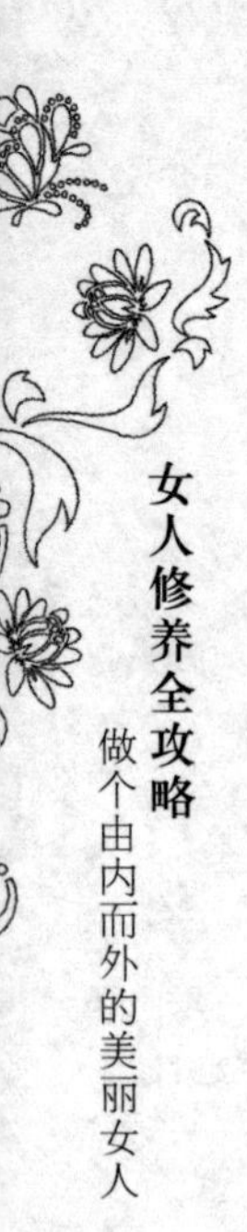



# 修养决定女人成功的速度

张爱玲说“女人出名要趁早”，我们也可以说“女人成功要趁早”。而女人要想尽早成功，一个不可或缺的因素就是提升自身的修养。

时代变迁，女人的自主权增多，此时，她们追求的已经不再只是走出小家庭，而是成功。虽然每个人对于成功的定义不同，但是谁都想尽早地步入自己理想的成功状态。为此，女人们在学校里发奋学习，来到社会上也努力地学习专业知识，既要提高技能，又要建立良好的人脉关系。然而，有的人很早便脱颖而出了，而有的人却一味地抱怨没有机遇。然而，到底是真的没有机遇，还是自己没有抓住呢？

机遇总是在不经意间出现，一个有修养的女人往往会在这个时候比漂亮女人更容易引人注意，更容易胜出，而她们也常常会无意中获得机遇，为自己的事业奠定基础，甚至快步迈向成功。

丹丹从小就喜欢唱歌，在爸爸妈妈的支持下，她报考了艺术类院校，而这里人才济济，竞争激烈，如何才能脱颖而出，这确实是个难题。然而，丹丹却年纪轻轻地便取得了成功的第一步，如今的她已经是一位小有名气的歌手。想起自己的成功之路，丹丹感觉像是做梦一般，因为现在的成功很大程度上依赖于那次无意间获得的一个机遇。

那是一个寒冷的冬天，地上的雪还没有融化，丹丹走在回家的路上，她听到远处传来了优美的歌声，那宛转悠扬的声音吸引了她。丹丹知道，一定是哪里在进行路演，她顺着声音找去，果然，在一个舞台上，一个歌手慷慨激昂地唱着，他那忘情的样子真让人陶醉，台下的人也为他的演唱而赞叹。可是，大家的手却都插在口袋里，不知道是因为听得太投入，还是嫌冷，没有一个人为那个歌手鼓掌，丹丹似乎从他的脸上察觉到了一丝失意。

丹丹将插在口袋里的双手拿出来，摘掉了手套，努力地为他鼓起了掌。每次他唱到高潮，她总是为他喝彩，引来别人诧异的眼光，而丹丹似乎完全融入了艺术的境界，她的手已经冻得通红，却全然不在乎。歌手不时地向她投来感激的目光。演唱完毕后，歌手主动找丹丹攀谈起来，这才知道原来她也是音乐系的学生，两个人谈得很投机，并且在最后交换了手机号。不久，这个歌手的原创词曲便获了奖。在颁奖晚会上，他邀请丹丹一起合唱了这首歌，而丹丹也因为这首歌一炮走红，从此开始了自己的舞台人生。

人们都想成为那个受人瞩目的人，却忘了别人也需要自己的掌声，也需要别人的鼓励。鼓掌，这是一个多么简单的动作！也许当初，丹丹并没有想过靠这掌声获得什么回报，只是用它来回报歌手那美妙的歌声，而正是这掌声，让她更快地走向了成功。

一个女人拥有了良好的素质与修养，她会懂得如何去尊重别人，尊重别人的劳动，给别人以鼓励，而不是一味地索取。正是因为丹丹拥有朴素的人格，她才会在举手投足间那么自然地给了别人温暖，而成功的机遇或许就在一个简单的动作，一个温暖的微笑中出现。因此，修养好的女人，更能够把握住机遇，从而更快地走向成功。

赵颖在一所高校就读，学会计专业。大三暑假的时候，她去一家

饭店做服务员，她工作勤劳，待人热情。

一天，当包厢里的人都散去后，赵颖发现一个名牌女包被客人遗失在了这里。她赶忙追了出去，却不见客人的影子。此时已经是深夜了，再过一会儿饭店就要关门了。赵颖想，客人发现包不见了一定会非常着急，于是又认真地翻了一下女包，在里面发现了一叠名片，这应该是女包主人的名片。于是，赵颖拨通了上面的电话号码，果然，女包的主人刚刚发现自己的包不见了，正在担心呢。

因为包里有一份非常重要的文件，女包主人第二天会用到。赵颖怕客人来不及回来取，于是选了个对方方便的地点，将包送了过去。客人想给赵颖部分现金作为回报，可是她却拒绝了。客人对赵颖拾金不昧以及不贪图回报的品格给予了极高的评价。

转眼间大四已经过去了半年，大家都开始忙着写毕业论文，并且开始为找工作打算了。赵颖也不例外，她精心制作了简历，然而，还没等她将简历投出去，就有单位找上门来，邀请她去面试了。赵颖在网上查了一下这个单位，它们已经有了近十年的历史，而且信誉一直不错，待遇也挺好。赵颖面试时，才知道这家公司的老板正是那次将包遗失在饭店里的那个女人，若不是对方旧事重提，赵颖早就忘了。

赵颖拾金不昧，她想的不是为了拿到回扣，而只是急别人之所急。正因为她这种不带有功利心的选择，才让她展示了更强的人格魅力，才让她有了这么好的机遇。

女人漂亮的外表会让人眼前一亮，而高尚的人格会让人时时铭记。不论何时何地，具备良好的素质，保持美好的形象，会让一个女人在成功路上稳步前进。

# 第二章

## 提升气质，让女人举手投足均显优雅

“气质美女”这个词我们早已耳熟能详，有气质的女人内涵丰富、仪态端庄，她们因为高贵而自信，因为自信而美丽。她们热爱生活，热爱生命，在人生的每个季节，都能如火如荼，绽放出娇艳的花朵。气质让女人举手投足均显优雅，让女人与众不同、个性突出。艳压群芳的女人也许不是长得最好看的，但是她却有着别样的气质与魅力。

# 气质女人具有能够征服一切的魄力

一个女人走在人群中，她若是美艳动人，或许会迎来他人的惊鸿一瞥；她若是气质如兰，她那自信的气韵更会吸引他人的目光，久久无法散去。有气质的女人所拥有的是自信，她们不会为困难所击败，不会为别人的否定而垂头丧气，她们有着别样的胆识和魄力，勇敢地追求自己的理想，用智慧与拼搏争取理想的实现。倘若说有的女人如同藤蔓花一般，需要攀附于大树才能绽放出娇艳的花朵，那么气质型的女人则更善于发挥自己的主观能动性，挖掘自己的潜力，努力去征服一切，因为她们具有征服一切的魅力。

群群是一个非常干脆利落的女孩，从小对于自己所渴求的事情，她都会通过自己的努力去得到，而不是向父母索要。在她的成长过程中，她的自立能力也逐渐地凸显出来，而且，她是一个敢于挑战的女孩，当别人对许多事情还处于观望状态的时候，她就已经开始实践了。虽然并不是每次都那么顺利，那么成功，可是她并不会因此而积极性受挫；相反，她善于总结经验和教训，果断而不武断，认真而不较真，积极勇敢地尝试着。跟很多同龄人比起来，她也算是小有成就了。

当网店刚刚兴起的时候，很多人不接受这种新生的经营方式，认为网络的东西太虚幻，信誉与质量都是很大的问题。群群则不这么认为，她觉得时代在进步，新生事物也必定会产生，即使产生之初存在许多弊端，也必定会在成长中完善。敢于抓住先机的人，才是勇敢的人，才有机会更早迈向成功。

于是，群群开始尝试网络经营。那时候，她才18岁，刚刚高中毕业，她讲求信誉，公平公正，认认真真地开着自己的网店。终于，功夫不负有心人，她从网上赚得了自己的第一桶金。

当大学生活开始之后，群群一边认真学习专业知识，一边自学制图技术。当然，经过她的努力，她的网店像是经过装修一般，给人十分清新的感觉，同时也因为网店的模式被越来越多的人所认可，再加上她的信誉一直极好，她的生意做得越来越好——从一开始的小本经营逐渐扩大了规模，收入也不断地提高。尽管群群还是个在校的学生，却已经有了上班族的收入。

群群敢闯敢干，独立性强。也许在今天，对于她的网络创业，很多人会觉得无所谓，因为现在开网店的人已经不在少数。可是换个角度想想，群群开始开网店的时候只有18岁，而处于这个年龄的人，有经济独立能力的女孩只是极少数，更何况当时网店刚刚兴起，并不被大多数人所认可，群群却敢于尝试。正是她那股敢做敢干的气质，让她有了征服一切的渴望，她才会有今天的收获。

什么样的女人能够大放异彩？是那些拥有独特气质的女人。她们不再是传统的小女人，不想只停留在毫无波澜的平静生活层面上，她们会充分发挥自主权，有勇气有信心接受新生事物，挑战未知生活。这样的女人充满活力，跟她们在一起，你永远不会觉得乏味，不会觉得疲惫，而是会被她们征服的欲望所感染，更会对她们所具有的魄力而感到钦佩。

气质型的女人，有着长远的目光，有着高尚的追求。她们对知识的渴求，对理想的追寻，都不会被现实所羁绊，她们会开启智慧之窗，用辩证的思维对待身边的人和事，用客观的态度对待前进中遇到的风险与挫折。没有什么能够使她们屈服，她们有着一往无前的精神，如同不怕虎的初生牛犊；她们有才能、胆识与魄力，常常敢想别人所不敢想，敢做别人所不敢做；她们具有能够征服一切的魅力，能够走在时代的前沿，而不会在激烈的竞争中被淘汰。

一个女人能够自立于社会，拥有自己独特的气质，那么，她们的生活就不会单调，因为善于征服的气质型女人勇于在奋斗中寻找乐趣，勇于在生活中寻找突破，即使有艰难险阻，她们也不会轻易低头，任何一次失败都只能成为她们登上更高处的垫脚石。她们深深懂得“阳光总在风雨后”的道理，那种不服输、不认输、不否定自己的精神值得赞颂，而那种善于追求的品质更是充实了她们自己，也鼓舞了他人。

胜利的果实，永远都属于那些目标坚定、不屈不挠的人。所以，请坚定信心，做一个有气质的女人，尝试着去挑战，勇敢地去征服，你将会发现：无限风光在险峰，人生精彩而充实。

# 有内涵的女人才有气质

很小的时候，我们就知道了“心灵美”这三个字，也明白外表美不如心灵美的道理，当追求外在美成为一股潮流的时候，很多女人忙于追求修外，把自己打扮得花枝招展，却忽略了修内，让人感觉美得匮乏。所以，很多所谓的美女，会给人美得雷同化的感觉，换句话说，这样的美女完全可以被另一个美女所替代，因为她们没有自己的特征，只是一副化妆品修饰出来的好相貌；而那些气质独特的女人，却有着别人无法代替之处，她们的美才会给人留下更深刻的印象。

女人的美不单在于外表，更在于气质。谁都可以为自己的五官化妆使之无可挑剔，谁都可以穿上漂亮的衣服，然而，与其用化妆品与漂亮的衣服来修饰自己，不如多多提高自己的内在涵养，培养自己的气质，这样的美才会让人感觉毫不造作。

某学校要在艺术节举办走台比赛，这次比赛的评分有三个参考：一是模特自制的走台穿的服装，二是走台的动作，三是知识问答。很多学生报名参加，她们都想在这次活动中脱颖而出，于是都精心准备着，一边设计着自己衣服的样式，一边恶补知识，有人甚至不惜重金买了上等的衣料，做出的衣服相当别致精美。

期待已久的比赛终于开始了，主持人在台上报完幕，台下的观众便擦亮眼睛，等待着激烈的比赛。那天晚上真是热闹非凡，走秀的模

特们发挥出了自己最高水平，她们穿着华丽，猫步走得极为标准，知识问答也都是对答如流，优美的动作、窈窕的身材与丰富的知识让观众们赞叹不已，显然大家都做了充分的准备。而且，对于各种新颖的服装设计，不但观众们大饱眼福，连评委们也给予了肯定。可是，最终的第一名只有一个，观众们都觉得这些模特难分高下，而评委们却根据评分敲定了第一名。

这个奖颁给了一个衣服并不艳丽的女孩，只能说她的衣服还算有创意，可是，要论漂亮，恐怕其他人的衣服的漂亮程度都在她之上。

走秀完毕，所有的选手都站在台上，评委对她们一一进行点评。当讲到那个夺冠的女孩时，评委说："如今是一个讲究环保的社会，虽然这个女孩的衣服没有那么艳丽夺目，可是她选用的材料却相当特殊，这些材料是一些废旧的光盘、废弃的易拉罐等。她这件衣服的主题也不像其他的模特那样，都是'时尚潮流''一枝独秀'之类的，而是爱护家园，提倡环保，对于这样的主题，谁会不欣赏呢？对于这样的获奖理由，又有谁会不赞同呢？"

走秀是比美的节目，然而，美的定义却不限于长着漂亮的脸蛋，穿着潮流的服装，心灵美永远都会胜过外表美。这个胜出的女孩，她大胆地将环保的主题带入了走秀的舞台，彰显了她独特的内在气质和修为，更显示出了她对"环境保护，人人有责"的认识，以及她内心充满的社会责任感。也正是这种别样的内在气质和修为，她才在众多模特中脱颖而出，获得佳誉。

蒋玉是公司里的第一美女，年轻漂亮，学历又高，为人也很谦和，刚来到公司就吸引了众多异性的眼球，而且有几个比较勇敢的小伙子向她表露了爱慕之情。其中有个年轻人也获得了蒋玉的好感，两个人很快便牵手了。可是，没过几个月，大家对蒋玉的印象就变了，刚来公司的时候，她只不过是为了表现自己，所以才表现出一副谦恭的样子，现在本性毕露，完全不是当初那个完美的她了。而且，男朋友也向蒋玉提出了分手，因为交往后，他发现蒋玉爱慕虚荣，不求上进， 把男朋友当成了摇钱树，她脑海中所想的，不是怎么去关心家人、关怀爱人、提高自己，而是现在又流行什么款式的衣服，如何把自己打扮得更漂亮。男朋友觉得她只是空有一副美丽的面孔，却全然没有一点内涵。

直观的外表可以通过修饰，在很短的时间内达到美的效果。然而，人是具有很强的社会性的动物，在生活中的为人处世处处都体现出人的内在修养的重要。

女人若是有丰富的内涵，气质甚佳，才会美得耐人寻味，否则，只是一个空荡荡的花瓶，别人难免会感觉到乏味。而所谓的花瓶，她的美也会随着自己单调的特性而褪色，不会如花般芬芳持久，更不会如美酒般回味悠长。美丽的面容总会有衰老的一刻，而人的善良、温和、谦恭、智慧等良好的品性却可以隽永，这样的美丽才会永不凋零。

# 有修养的女人有高尚的气质

女人如花。有些花的花朵娇艳欲滴，花香芬芳浓烈，可是哪怕是曾经见过，若非再次见到，也许早已将其忘却；有的花尽管不能艳压群芳，却能让人时时记挂，说起傲霜，无疑是秋菊，说起傲雪，必然是冬梅。梅菊能够多次出现于画中，出现于诗中，被诗人画匠所牢记、所喜爱，是因为它们拥有独特的高雅气质。女人亦如此。

气质高雅的女人比只有一副好皮囊的女人更有韵味，在任何地方、任何情况下，良好的修养都会使她们保持着优良的品性。她们不会为了一己私利而耍卑鄙的手段，不会因为嫉妒之心而对他人落井下石，不会自以为是、目中无人。她们用严格的标准要求自己，不允许自己的思想中存在污点。有修养的女人，如同一朵兰花，馨香长存；如同一抹清泉，清新美妙。

紫琪所在的单位要求非常严格，竞争也非常激烈，在这里，不容许出现状态疲惫，不容许犯低级的错误，能够在这里度过三个月的试用期并且留下来的，都是工作能力非常强的人。当然，也正是公司所营造的紧张气氛成就了很多人才。

最近，单位有了新的升职机会，谁能获得这次机会，不仅能得到更多的薪水，还可以参与一些比较高端的项目，能力也将会得到非常好的锻炼。而这次最有资格晋升的，便是紫琪和任萱。虽然平时同处一个办公室，可是现在谁也不会谦让，因为名额只有一个。然而，到了关键时刻，两个人的表现却各不相同。紫琪依然像平日一样认真工作，她总结了一下自己工作中存在的问题，努力地提升自己，其实这是她早就有的好习惯。而紫琪的竞争对手任萱却开始焦躁了，她想，既然两个人不相上下，那么就只有50%的把握，下次遇到这样的机会还不知道何年何月，这次只不过是两个人竞争，下次可能会有多个竞争对手，那胜出的把握就更小了，如果此时紫琪出了什么差错，那自己就会更胜一筹了。

一天，紫琪将一份报表交到了经理的办公室，而恰好经理又不在。下班之后，看到紫琪离开了公司，任萱就偷偷地将报表给调换了，虽然她做得神不知鬼不觉，但是她却没有想到正是这张报表让自己在这次竞争中彻底失败了。第二天，领导看到报表上的数据错误，觉得紫琪工作状态不好，就把她叫到办公室来对她教导了一番。此时，任萱则在外面偷着乐，以为那个空缺的职位自己已是唾手可得。

虽然紫琪很快明白过来，是有人在报表上捣了鬼，但她并没有急于为自己辩护，而是等经理说完了，她才说明这不是自己做的那份，并且从自己的工作电脑上调出了工作记录。经理明白应该是有人掉包，并且很快查明了是任萱所为。在这场竞争中，任萱就这样出局了。而对于紫琪，经理大加赞誉，她采用了正当的方式进行竞争，而且老板找她训话的时候，她并没有立即为自己受了委屈而抱怨，而是耐心地听经理把话说完。像这样一个识大体又正直的员工，的确应该得到重用。

高尚的女人有宽广的心胸，不会嫉贤妒能，更不会滥用手段。她们不会把精力用在如何诋毁别人、陷害别人上，她们深刻地认识到，

要让自己出众，最可行的办法不是去压低别人，而是提高自己。所以，她们会努力提高自己的修养，追求高尚的人格，她们不会埋怨自己的境遇，更不会忌妒别人的才干。当自己遭遇失败的时候，她们虚心地向别人求教；当别人成功的时候，她们也会发现别人的闪光点，并学为己用。上进心与宽广的心胸让她们的修养逐步提高，也正是这样的修养让她们的气质更加高雅。

每一个人在喧嚣和浮华之后都有一种对身边的人和事情本质的思考，我们的内心需要养成的一种追求良好态度的习惯，而这便是一种修养。这种修养带给人的感觉，并不是外在的光鲜衣着所带来的华丽感觉，而是在一个过程中、举手投足之间、言语话谈中表达出心灵内在的一种真善美和智慧，它所拥有的吸引力是持久的。提高自我的内心修养，不仅可以让别人形成对自己的良好印象，也为女人自身营造了一个良好的内外环境，可以促进个人生活不断地良性循环。

# 有品位的女人有高贵的气质

一支眉笔可以勾勒出漂亮的眉形，却勾勒不出雅致的气质；一瓶高档化妆品可以成就一张美丽的面庞，却成就不了端庄的气质；一件名贵的衣服可以凸显出美妙的身材，却凸显不了高贵的气质。女人的气质，与外在无关，与品位相连。

有品位的女人不但举手投足得体大方，气质高雅，更给人高贵的感觉。她们摒弃了纯物质欲的追求，不会奴颜婢膝地做物欲的奴隶，她们的思想更上一层楼。有品位的女人感恩图报，孝顺懂事，体贴家人，可以成为父母贴心的小棉袄；她们上得厅堂，也下得厨房，谈吐优雅，可以成为爱人的知心人；她们善解人意，宽容大度，见解独到，可以和朋友亲密无间。她们的快乐往往是被某种情感、某种气氛所感染，而不是名车豪宅、高档化妆品、裘皮大衣等物质所带来的。

梁珊被单位的同事称为“资深美人”，她年龄三十出头，风韵却不比二十几岁的时候差，而且又多了几分成熟，她不但很有亲和力，而且看上去有一股高贵的气质。单位的人都喜欢跟她交流，就连年龄小一些的女孩都很愿意接近她，有几个女孩甚至去模仿她走路的姿势、穿着的样式，甚至连发型都要模仿，可最后只是落了个形似而神不似的结果。梁珊的同事便来找她取经：“梁姐，你是天生就带着这样的高贵气质吗？难不成你是哪朝哪代的公主转世？”

梁珊很优雅地对她们笑笑，解释道："其实我没有什么特别的，只是我不善于跟风，而是把精力用在了自己喜欢的事情上。我喜欢自己的工作，空闲时间大多用在看书和听音乐上。"

俗话说，"腹有诗书气自华"。梁珊有一份自己喜欢的工作，空闲时间读书、听音乐，做自己喜欢的事，情趣高雅、生活充实。这样的女人，自然会有一种与众不同的气质。

具有高贵气质的女人，不会给人庸脂俗粉的雷同，不会给人毫无内涵的印象，更不会给人"金玉其外，败絮其中"的感觉。相反，她们高贵而不失亲和，秀外慧中，就算岁月开始在脸上沉淀，也永远不会给人沧桑之感。她们充满活力，心胸广阔，懂得如何关爱别人。她们的追求不会停留在物质上，对她们来说，精神层面上的东西远比物质要宝贵得多。

高贵不是装出来的，而是修出来的，但不是修剪眉毛那样修出来的，也不是修理边幅那样修出来的，而是修炼涵养这样修出来的。高贵不是昂着头颅，自以为高高在上，瞧不起别人，如此只能叫高傲；高贵不是穿着价值不菲的衣服，戴着金银头饰，满身珠宝，对没有资本这样打扮的人不屑一顾，否则只能叫拜金；高贵是一种气质，具有这种气质的女人价值观有正确的定位。

一颗夜明珠，只是将它放于一个角落，可它却能照亮整个屋子，这就如同一个气质高贵的女人，即使她只是在一个角落里，没有走到人群的中心去哗众取宠，可人们依然能够感觉得到她身上的那种高贵气质。这种高贵不是与生俱来的，有的人因为从小就受到了很好的启蒙，所以能够很早就显示出这种贵气，而有的人则是随着自己认识的逐步提高和修养的不断提升才具有的。不管处于哪个年龄段的女人，只要提高自己的认识，丰富自己的内涵，追求高尚的品位，就一定能够具备这种高贵的气质。

漂亮的外表是可以用物质来修饰的，一个漂亮的发型，一件漂亮的衣服，都能增强女人的美感。可是优雅的气质和高尚的品位却不能靠金钱来达到，因为内在的东西只能靠个人素质的提升。品位是一种认识，一种自我意识的提高，一种个人品质的升华。女人可以被比作花朵，不同的花朵代表不同类型的女人，而女人的一生则可以被比作一个百花齐放的花园，在人生的每个阶段、每个方面都可以绽放出最美的花来。然而，人生精力有限，无法面面俱到，只有选择内外兼修，才是让人生花园靓丽多姿的最佳方法。

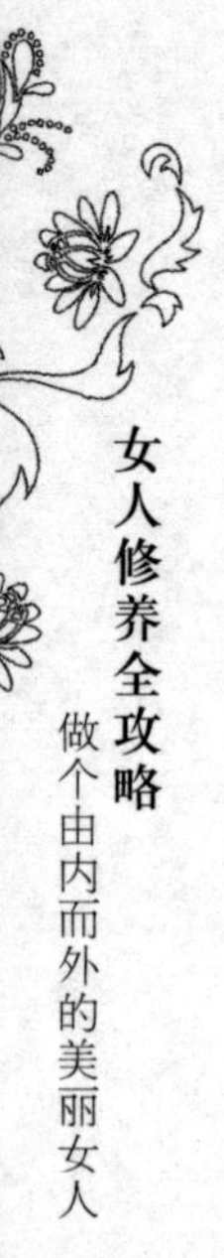



# 有风度的女人有优雅的气质

斤斤计较的女人惹人嫌恶，气量狭小的女人让人保持距离，而有风度的女人则让人欣赏，让人赞誉，因为宽容别人也是善待自己。有风度的女人不会让人视为小人，以防范之心待之，不会让人避之唯恐不及，而是愿意敞开心扉对待。这样的女人气质优雅，品格优秀，情操高尚。

古语有云："量小非君子，无度不丈夫。"古代是男权社会，对于男人，会以这样的标准来恒定男人的胸襟。如今，女人顶起了半边天，那么，女人也要以度量作为处世的参考准则之一。度量狭小的女人给人一种得罪不起的感觉，那么，对于这样的女人，与之相处最好的方法无疑是敬而远之。而这样的女人因为身边人的疏远，也会走向更加偏执的极端，很难有朋友可以分享快乐，就更不要说分担痛苦了。大度的女人，别人会认为她不拘小节、粗中有细，像这种不斤斤计较的女人更会受到大家的欢迎。一个懂得尊重别人、宽容别人的人，才会生活得更加轻松。

阴霾的天气，天空中下着大雨，空气中的脏东西掺杂在雨水中落到了地上，而地上的雨水也已经流成了河。田悦刚从出租车上下来，就有一辆汽车从她旁边奔驰而过，溅起的雨水湿了田悦的裤子。田悦的眉头皱了一下。今天她原本要来一家公司面试，当时约好的时间是

9:30，现在已经9点了，再回家换衣服显然已经来不及了。田悦心头一阵着急，穿着脏成这样的衣服面试是对别人的不尊敬，可是迟到也一样是对别人不尊敬，而她又不想错过这个机会……

正在这时候，那辆奔驰而过的车停在了田悦要面试的那家单位门口，车主下来向田悦道歉。田悦虽然穿着脏衣服有些尴尬，而且这件事情可能会影响到她的面试结果，但她还是很大方地说："没关系，你又不是故意的，下雨天造成这样的后果也在所难免，是我自己考虑得不周全，如果看到天气糟糕，多准备一件衣服就好了。"

眼看面试时间就要到了，田悦干脆一咬牙进了这家单位。她在做自我介绍的时候，首先向主考官表示道歉，解释了一下衣服变脏的原因，然后很流畅地回答了主考官的几个问题。最后主考官对她的评价是，她不但很有见地，更难得的是也具备优雅的风度——尽管衣服脏了，但是她并没有因此而紧张，影响情绪，导致发挥失常，如此一个女子实在是难得的人才。

接着，有一个人一边鼓掌，一边从另一个房间走了出来。田悦愣了一下，这个年轻人，正是刚才不小心将泥水溅到自己身上的人。经过介绍她才知道，原来他是这家公司的经理，并且对于田悦能加入这家公司表示非常欢迎。

假若田悦看到衣服脏了，当车主下来道歉时，跟他大吵一架，那么，衣服也不可能在一瞬间变干净，而她面试之后，意外发现车主是这家公司的领导时，也只会更加尴尬。即使她再有见地，再有才华，人品不过关，公司也不会愿意接受一个心胸如此狭小的女人。相反，田悦并不没有埋怨车主，反而觉得是自己想得不够周全，没有多备一件衣服，她连一个陌生人都能宽容，对自己身边的人就更不用说了。

一个如此有风度的女人，即使身上的衣服被泥水弄脏了，她依然是美丽的。

宽广的心胸对于塑造一个女人的外在形象也是必不可少的，因为有风度的女人具有优雅的气质。气量狭小之人，众人唯恐躲闪不及，就更不会去欣赏她了。女人，遇到问题的时候，尝试着放下抱怨的想法，拥有开放包容的心态，不仅可以改善自己糟糕的情绪，也能在人际交往中给对方留下充满善意且通情达理的印象。

女人有风度，更胜过有美貌。有风度的女人有如同大海一般的心胸，她们具有海纳百川的品格，即使遇到再大的风浪，也会用客观的态度去对待，而不是一味地抱怨，怪罪别人。她们不管是在职场还是在家庭，是管理人员还是普通员工，都会无形中展示自己独特的魅力，更容易走向成功。度量狭小的女人则难以与人建立良好的关系，更难以成就大事。正所谓：可交之人，宾朋自满堂，心路自明亮，人生道路亦宽广，前途无限风光；心狭则乱，心宽则达！

# 仪态美的女人有端庄的气质

不管是从外在讲还是从内在讲，仪态都是女人魅力的重要参考标准。从外在讲，一个仪态端庄的女人，会给人一种神清气爽的感觉，她们时刻保持着积极的状态，精神抖擞，不会在办公室里坐无坐相，不会在公共场合我行我素；而女人如果不注重自己的仪表，不在意自己的姿态，就会给人精神委靡的颓废感觉，更谈不上受人欢迎了。从内在讲，注重仪态是对自己负责，更是对他人的尊重，是有修养的体现，更是一个人能否受人欢迎和尊重的重要砝码。

端庄淑雅并不是某些女人的特质，这种特质是可以后天塑成的。追求仪态端庄可以成为每个女人的目标，不管哪个年龄段，哪个职业，是有钱还是没钱的女人，只要认真提高自己的涵养，注重自己的仪态，那么端庄的气质便会不请自来。端庄的人让人愿意接触，她们有涵养，有深蕴，她们静水流深，却不是平淡无味，她们温文尔雅，却不是矫揉造作。端庄，不但是一个女人是否美丽的重要参考标准，有时候，这种气质也会成就一个女人。

仪态端庄已经成为职场成功女性的一个鲜明特点，这是一种内在品质的体现。在不同场合对仪态的注重不只是尊重对方，也是对自己所做事情负责的态度。特别在一些比较重要的社交场合，随行人员在一定程度上代表了企业的形象。对于经常从事涉外工作的职业女性而

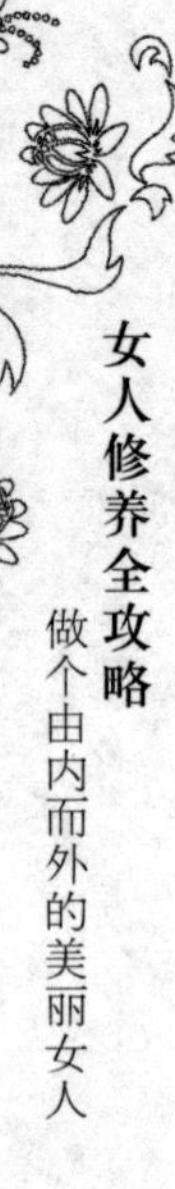



言，仪态端庄、得体，可以大幅提高自身形象，也可以为企业形象添上浓墨重彩的一笔。对于女人修养的全面化而言，不仅仅是反复提倡的内在品质、情操修养等，也应当注重在不同场合的形象、仪表、姿态，它往往会关系到职业女性对自己所做工作重要性的认识程度。仪表反应内心，当一个女人在意自己的时候，也会给人一种有责任心的感觉，上司才会把工作交给她去做，朋友也更愿意跟一个如此精神百倍的人交谈。

庄丽在一家非常小的图文设计公司工作，公司面积不大，人员也很少，只有一个老板和两个员工。尽管如此，庄丽还是很认真地对待自己的工作，她每天都穿着得体，仪态端庄，从不迟到，对于老板交代的任务总是积极地完成。

而她的同事柯玲则每天都穿得十分休闲，她还几次对庄丽说，就这么一个小破公司，又不是什么正规的单位，用不着穿这么严谨的，再说老板也没给发工装，爱怎么穿就怎么穿。柯玲在单位就跟在家似的，比较随便。而庄丽则不然，虽然单位小，可毕竟是工作的地方，她工作认真，态度端正，老板从心底认可这个女孩。

公司的生意越来越好，人员也逐渐增多，而老板出去跟客户洽谈的时候，常常会带上庄丽，并且会交给她一些重要的任务。看到庄丽越来越受到老板的器重，柯玲心里极度不平衡，她来公司比庄丽还要早，而且工作能力也不比她差，就算老板要带个花瓶去见客户，自己也长得比庄丽要漂亮呀。

柯玲越想越觉得愤愤不平，于是直接去找老板问为什么。老板回答道："庄丽一向穿着得体，落落大方。客户见我，是要谈生意，不是要宴请宾客，我当然要带一个仪态端庄的员工去。而你穿得这么休闲，会给客户造成不尊重他的感觉，若是没有端庄的仪态，仅有美丽的外表是远远不够的。”

仪表是女人的第一张招牌，而细节又往往能够决定女人的成败，在什么场合穿什么样的衣服，表现出什么样的外观，都是女人内在修养的体现。像柯玲这样在上班的时候穿着随便的女孩，会给领导造成不在意工作的感觉，即使她成绩出色，她也得不到别人对她工作能力的肯定，因此，当机遇来临的时候，她很容易被别的竞争对手击败。

要想获得别人的尊重，首先要学会尊重别人，而尊重别人的前提是也要尊重自己，用严格的标准要求自己，即使不能尽如人意，也要无愧我心。如果纵容自己的不良习惯，整个人就会变得懒散拖沓，而失去了良好的精神状态，又何谈进取，谈何进步呢？如果一个女人在哪里都以自我为中心，随随便便，不在意自己的仪表，更不会考虑自己会不会带给别人不好的影响，那么这无疑是一种自私的体现。

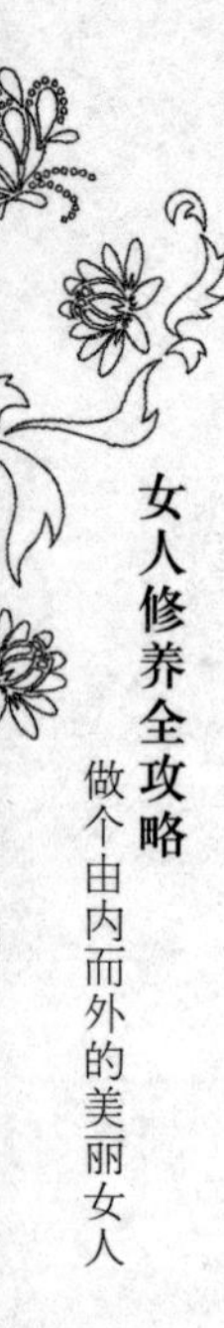



# 注重细节的女人更有气质

古语曰："一屋不扫，何以扫天下？"有大志固然是好的，不拘小节也是难得的品格，然而，这并不是提倡不在意细节，因为细节有时候起着决定成败的重要作用，很多事情能够见微知著，越是细节越是成败的关键，就像小数点一样，虽然只是一个很小的点，对于重要的数据却是不可或缺。成功的女性往往粗中有细，既有整体观、大局观，也不会因为小事情而造成严重失误，因此，从大处着眼、从小处着手且懂得注重细节的女人在激烈的竞争中才会更胜一筹。

注重细节的女人有精致的气质，她们对待事情不会粗心大意，更不会因为所谓的疏忽而在工作中犯低级错误。对家人，注重细节的女人能够关怀得无微不至；对工作，注重细节的女人能够精细运作，做出成绩。所谓注重细节，不是对家人啰唆个不停，也不是对工作挑剔个没完，更不是与人相处时的斤斤计较，而是对于细节，该注重的注重，该忽略的忽略，不会因为细节的疏忽而造成整体的失误，也不会因为偏执于细节而影响全局的运作。

林菲在一家美容院做话务员的工作，由于当时美容院还没有实行电脑操作，客户的资料非常凌乱，甚至有一些重复的，这直接导致了员工们对客户进行邀约的时候，短时间就给客户打过很多次电话，引起客户的极度不满。于是，林菲便利用午餐的时间，对客户的资料按照拼音索引进行整理。有的同事劝她：“林菲，你这么卖力，领导又不给你涨工资，将就原来的材料得了，反正干一天拿一天的工资。”

“不行，如果回访跟邀约导致了客户的厌烦，美容院会流失一部分顾客的，再说，我整理一下这些资料也只不过是举手之劳。”林菲回答道。

“唉，到底是新来的。”同事感叹道，仿佛对林菲的“傻”表示同情。

林菲不在乎同事的嘲笑，上班时间勤恳工作，午休继续整理资料。随着客户资料的规整，她的工作也轻松了许多，不但省略了大量的重复性工作，而且通过整理，她对很多客户也有了一定的印象，接下来的邀约工作便做得更加到位了。

后来，老板无意间发现了林菲整理的材料，对她大加赞赏，觉得她有统筹规划的才能，于是，经常跟她切磋一些事情。交谈中，老板发现，以林菲的才干，做话务员实在是太屈才了，于是，很快升林菲做美容院分店的店长。

倘若林菲和同事们的想法一样，工作能应付就应付，那么，她就不会被老板重视，即使有再好的才干也很难被发现，又怎么会升职呢？林菲所注重的细节是客户的资料凌乱，需要整理，她忽略的细节是，即使自己整理了这些资料，老板也未必会给她额外的奖金。如此一个注重细节的女人，具备精致的气质，也理所当然地会受到重用。

注重细节的女人有精致的气质，我们很容易就会发现，女人的气质对于吸引别人的眼球似乎非常有效，因为气质可以使女人自信，无论走在哪里，有气质的女人都可以底气十足，这是一种只可意会的美。而机遇总是垂青有准备的人，因此，我们要为机遇而时刻准备

着，而不是等发现了机遇才去奋力一扑。那么，又该如何准备呢？充实自己的知识是必备的，然而，这并不是唯一的决定性因素，能否在职场取胜，修养也是非常关键的。善于抓住细节的人往往更容易抓住成功的机会，生活的考验不只是每一次的考试，每一次的面试，真正让人一分高下的是日常生活中的一举一动。

很多人认为，女人们有与生俱来的细心特质。的确，很多女孩在儿时都充满灵秀可爱的气质，可是当很多女人步入社会之后，受到各方面的消极影响，对于很多事情都是睁一只眼闭一只眼，人已变得世故，对于细节问题更是视而不见。对于女人来说，如果抱着一种应付生活的心态，生活也只会应付我们。虽然每一次注重细节不一定会给你带来功利性的收获，但是每一次都忽略细节，很多机会便会与你擦肩而过。

精致的气质是一笔财富，而这样的财富是无法让人赠与的，只不过看你能否发现它的意义，并且通过自己的努力去拥有和具备这种特质。当你具备这种气质的时候，你的修养便站在了一个更高点，而你也会感觉豁然开朗。注重细节，就是对别人注意不到的事情进行敏锐的观察和思考，把看似不是机会的机会抓住，那你离成功也就一定会更近。

# 有个性的女人有别样的气质

人与人之间，必然会有个性与共性，然而有的人只追求共性，却忽略了个性。其实，人应该保持自己的个性，倘若所有人都是一样的，又怎么能够突出自己呢？也许你也会不经意地发现，跟那些比较有思想的女人聊天，你会被她的精神所感染，受到她的鼓舞，从而感觉到精神振奋，思维活跃。

有个性，不是让你性格尖锐，不尊重别人，不是让你放纵自己的脾气，以自我为中心，而是保持一些本真的东西，不要为世俗所缠绕，忘了真我何在。穿着怪异，那只是在打扮上面的个性，而作为新时代的女性，大家更应该追求思想上的个性，因为有个性的女人才有别样的气质。

某公司经理为了提升经营效益，希望员工能够提一些建设性的意见，有利于公司的进一步发展。虽说采纳后会有相应的奖励，可是却没有人愿意提。其实，公司有些弊端是很明显的。之所以没有人向经理反映，是因为大家都觉得反正薪水照发，何必多此一举，万一给领导不好的印象，以后的工作恐怕就难以进行了。

然而，却有一个人与众不同，她没有像其他员工那样考虑那么多，而是认真总结了一下工作中存在的问题，尽管有些意见还不够成熟，但她还是大胆地交给了经理。这个女孩便是宋佳，在别人看来，

宋佳是因为刚刚毕业，涉世未深，所以才会这么做；如果她够成熟的话，肯定不会去跟经理反映。甚至有好心的同事直接过来“教育”宋佳：“经理毕竟是经理，如果你显得比他还有能耐，那他还有面子吗？有些事情睁一只眼闭一只眼就行了，你以为经理真的想听到什么意见啊，不过是做做样子罢了，没有人反映问题呢，就说明他领导得好，他就会开心了。”

宋佳反驳道：“这些建议是为了公司更好地发展，如果不成立，经理可以驳回；如果成立，经理采用了，那我们的工作效率就会提上去，公司的收益也就更好了，岂不是更好？”

同事们都暗地里嘲笑宋佳傻，等着看她的好戏。然而，他们没有想到的是，经理不但表扬了宋佳，采纳了她的建议，按照承诺给了她相应的奖励，而且还开始器重起她来。经理说：“因为每个人的分工不同，有些层面的事情我可能接触不到，这就需要你们给我直接有效的建议。我只是不明白，为什么你们在这里工作了几年了都没发现这个问题，而宋佳刚刚来公司不久，却能够发现呢？”

宋佳来到公司后，并没有马上被所谓的经理至上的观念所俘虏，相反，为了公司的发展，她愿意提出这些有利的意见，而且，事实上经理也并不是同事所说的那样刻薄。正是宋佳区别于其他同事的那种个性让她有勇气去反映问题，并且让经理刮目相看。身在职场，作为一名员工，与上司的相处的确有很多技巧，但是也不能因噎废食。越俎代庖的事情上司不会喜欢，但是如果真的有益于公司的长远发展，一些建设性的意见他们未必不会采纳。能够独当一面的上司往往具有敢闯敢干的精神，而他们也同样会欣赏具有这种品质的员工，而宋佳便是因为自己这种勇敢的特点而胜出。

当一群人在一起的时候，如果有一个人与众不同，她就更容易引人注目；相反，那些模式化的人没有什么特征，即使有特殊的本领，也很难被人发现。这个时代的节奏是如此之快，人才也是如此之多，要想脱颖而出，就不要放过任何一个细节，在任何时刻都要做最好的自己，这样才会有更多的机遇迈向成功。

个性与随波逐流，并不是两个水火两重天的对立概念，表达个性是现代社会每一个健康女人必备的丰富个人生活的方式之一，但也切莫把个性的宣扬误当做一种哗众取宠的工具。否则，势必也会掉进浮躁功利的心态陷阱之中，因此而遭遇大家的误解和疑惑，并因受到的质疑而再次盲目地随波逐流，追求安稳平庸，放弃自己内心闪光的一面。

有个性的女人也是平凡的，但她们不会因为没有内容而在众人面前显得平庸无奇。把握好表达个性的尺度，在展示真实自我的同时，能够尊重他人，也是表现自我人格魅力的重要一环。要把握好个性的尺度，在很大程度上需要全面提高自己的修养。当一个女人的认识达到一定高度的时候，那么她在职场或者是在社交场合，都会更加自如。

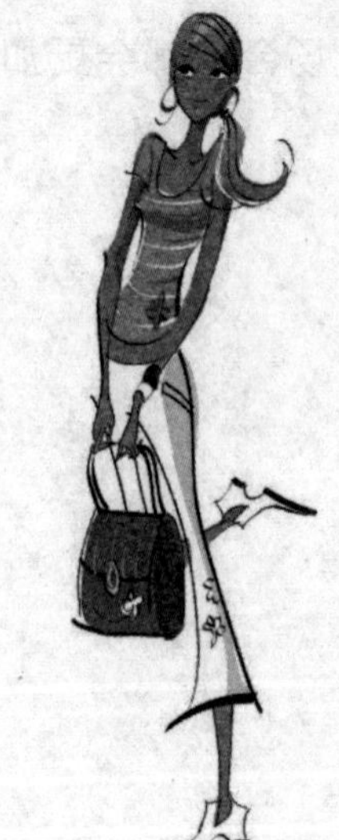

# 第三章

## 强化品质，让女人的人格魅力永远闪光

人格魅力是一朵永不凋零的花，它像莲花一样出淤泥而不染。一个女人最吸引人的地方，往往不是她的美貌，而是她的品格。心灵美自古以来受到大家的肯定，拥有良好的品质，会让女人的美丽锦上添花，让女人的心灵青春永驻，让女人的生命充满阳光。

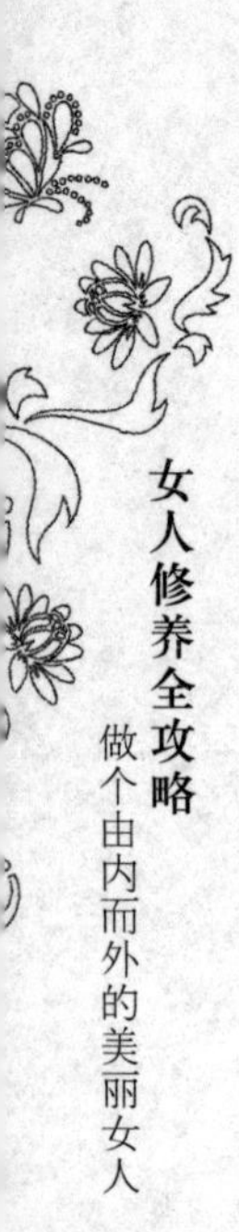



# 诚信：女人的立身之本

古语说："人无信不立。"一个讲求诚信的人，不会出尔反尔，更不会欺骗别人，他们有着自己的人生准则，在激烈的竞争时代，不会因为道德的恶劣而被淘汰出局。诚信是一个良好的道德标准，讲究诚信的人才会有信誉，讲究诚信的单位才能够更好地运作。一个女人具备了诚信的品格，不但会强化自身的修养，也会在人生道路上走向更广阔的天地。

处于社会大家庭中，诚信是一个人安身立命的根本原则之一，这一点对女性来说尤为重要。讲求诚信的人，才能够建立良好的人际关系，才能在与人合作的时候获得信任，才能在人格比拼中获得胜利。

当今社会讲究合作与共赢，诚信对共同努力做好任何事情的帮助是不言而喻的。诚信在于你是否真正尊重对方，在于你是否认真地履行自己的承诺，并持之以恒。女人的诚信亦不要为外界的诱惑轻易摇动，坚持诚信原则并不是某些自甘堕落之人所谓的"傻"与"天真"，特别是某些容易被误解的关键时刻，稍有策略的诚信，远要比简单的"善意的谎言"高明出许多！

诚信是诚实和守信的有机结合体。一个讲诚信的女人，更有一种巾帼不让须眉的洒脱和豪爽，女性性格里总会有一些柔美和可爱的因子，而诚信则能显示出一个女人的气节，它是一个女人的本色表演。

讲究诚信的女人清纯、透彻，却不至于有一眼见底的浅薄，更不会有偷奸耍滑让人生厌的小市民特性。诚信是一个独立的女人独立与征服的宣言，有道是“君子一言驷马难追”，女子也要一言九鼎，才能立足于这个世界。

汪萌是一位白领丽人，论长相，她貌若天仙，肤色白皙，五官灵巧，唇红齿白，若玫瑰含雪；论能力，她更是在很多人之上。领导非常器重她，汪萌也因此得到了很好的锻炼。

一次，有几个外商在当地招标，征求一个建筑方案，此时正赶上国庆节休假，可是，领导又不想错过这个大好机会，于是问汪萌有没有意向，汪萌说：“交给我吧，假期归来一定给您满意的答复。”

老板对汪萌非常赞许，给予了她很高的期望。汪萌不但业务能力出众，而且还愿意牺牲自己的假期，为公司做项目，老板有些感动。然而，假期开始之后，汪萌便跟朋友一起游山玩水，却把公司的事情完全抛在了脑后。直到假期结束，当领导过来要方案的时候，汪萌才想起自己答应了老板的事情，现在却还一点都没有做。老板的脸上露出不悦的神色，他改变了主意，决定集思广益，让每人拿出一份方案，公司再选几个比较好的去投标。

汪萌由于失信于老板，心中紧张，又看到老板让大家一起来参与，更是有些担忧，结果，没有了良好的工作状态，她也失去了往日那份干练，弄了好长时间才拿出一个方案，而且并不尽如人意，在公司内部进行选择的时候，她的方案被淘汰了。

我们很早就知道一个准则，做不到的事情不要轻易答应别人，答应了别人的事情，如果因为遇到了意外情况不能按时完成，要及时通知对方，以免给别人带来麻烦。而汪萌信誓旦旦地答应了老板，却将

事情完全抛诸脑后，严重影响了公司的工作进度。如果她按照承诺，在假期里就将方案搞定，即使她的方案不尽善尽美，领导也一定会给她一些建议，让她去修改。结果，她的一次失信就抹黑了她从前的形象，以后，领导又怎么会相信她，甚至将重任托付于她呢?

虽然现代社会中还存在着很多不讲诚信的现象，但是我们切不可因噎废食，不能因为这种现象存在，就放弃去做一个讲究诚信的人。

诚然，在目前的情况下，我们也会遇到一些诚信成本太高的风险，这不能成为女人因此轻易对诚信的道路产生质疑的理由，甚至因此而放弃诚信的处世原则，自甘堕落。一个真正有修养的女人，并不会过分看重眼前短暂的困境，她们拥有一种对自己所走的诚信道路的自信，对未来的美好前途充满了希望，这些足以支撑起自己内心那份对自己对他人诚实守信的信念。

现在激烈的竞争，不只是能力的竞争，也是人格的比拼，能力永远是有待于提高的，因为社会在发展，时代在进步，新生事物也会层出不穷。同样，人格也是需要不断完善的。如果一个女人能够保持良好的心态，建立良好的信誉，丰富自身的涵养，那么在工作中，她也将会更胜一筹，更懂得如何与别人协调，如何让效率提高，如何建立信任。因为协作并不只是分工，也有其他的成分。讲究诚信的女人会让人信赖，让人赞赏；诚信能让女人的美丽加分，也是女人走向成功的助力。

# 礼貌：女人最基本的修养

很小的时候，父母就教导我们要懂礼貌，老师也教育我们要做个讲文明、懂礼貌的好孩子，见到认识的人要打招呼，跟人说话要用礼貌用语，要尊重别人，而不要伤害别人等。可是，当我们进入社会之后，很多人便在私利的面前失去了做人的准则，而对于礼貌这样的事情，更是视为小事，甚至完全不在意。殊不知，懂礼貌的女人给人的第一印象更趋于完美，而懂礼貌的女人在日常交际中更会散发出迷人的魅力。

礼貌不仅是一种待人的态度，也是一个女人有修养的体现，更是一个女人释放自身魅力的有利媒介。有礼貌的女人温文尔雅，而不是凶神恶煞，待人平和，而不是性格尖锐，即使她们不去刻意展示自己，她们也一样会像珍珠一般闪耀光辉。

讲礼貌是女人最基本的修养，不管与谁相处，都不应该忽略了礼貌。中华民族历来有尊老爱幼的传统美德，我们更应尊敬长辈，对待长辈要有礼貌；而对待同学、朋友也一样需要有礼貌，虽然平辈人之间可以更随意一些，但是随意也要有个度，要在尊重别人的基础之上。当然，在公司，我们对待领导要有礼貌，对待同事也要有礼貌，否则，只会被人视为势利与缺乏教养。一个有礼貌的女人，不管对方是富贵还是贫贱，都会以讲礼貌为基本的交往原则，这样才更能够获

得对方的尊重。

董玉深深懂得礼貌的重要性，也知道礼貌的行为将会为自己的职业生涯添上浓重的一笔，然而，她的认识还不够全面，因为她那所谓的礼貌，只限于对比自己地位高、权位重的人，而对于和自己相同等级的人，却常常是不屑一顾。她自恃才高，觉得自己比他们有前途，别人有求于她的时候，她总是百般推辞，哪怕只是举手之劳，而自己更是鹤立鸡群，看不上别人。

一天，董玉出去送一份材料，在楼下遇到一位五十岁上下的老人，老人上前问道："姑娘，请问1127室在哪里啊？"

董玉所在的单位就在1127室，她上下扫了老人一眼，从老人的神态和穿着上判断他一定不会有什么来头，心想，也许是来公司应聘保洁的，于是对他说："门上写着呢，你自己找吧，我正忙着呢。"说罢自己就转身而去了。然而，当董玉回到公司，并且去告诉领导材料已经送到的时候，却发现那个老人在经理的办公室里，而经理正满脸笑容地为他端茶递水。听了经理的介绍，董玉这才知道，原来这位老人是经理的父亲。

当老人向董玉问路的时候，哪怕她简单地指一指方向也可以，可是，她却觉得自己即使做了也是无用功。董玉对什么事情都抱着极大的功利心，而从讲礼貌的方面来讲，董玉这样做更是有失风范。

因为这件小事，董玉在领导心中的地位已经打了折扣，而她平日奉承领导，对同事却非常淡漠，大家早已对她心怀芥蒂。渐渐地，同事们都开始刻意回避她。当孤芳已经难以自赏的时候，董玉终于明白，大家同处于一个集体中，彼此尊重才能获得别人的认可，获得别人的信任，与人和平且礼貌地共事才能更加和谐，而从前，自己缺少的就是与人协作的精神。

于是，董玉逐渐地改变了自己先前的观念，将自己融入这个大家庭中。她以严格的道德标准要求自己，对大家都和气而礼貌，慢慢地，大家也忘记了她从前的态度，开始接受她甚至喜欢她了。

礼貌是一件非常细小的事情，小到可以被人忽略，然而，忽略了礼貌这个与人相处的重要一环，事情可能不会如想象中的顺利。比如，向别人问路的时候，起码要客气一点，要用礼貌用语，要是一上来就理直气壮地问去什么地方怎么走，恐怕对方即使知道也不愿意回答。讲礼貌是一种好习惯，而这种习惯就要在日常生活中养成，礼貌并不只是对于比自己年长的、比自己权位高的人适用，对身边的任何人，我们都要保持起码的尊重。从点滴做起，习惯才能成自然，那么，做一个有修养的女人又有何难?

没有人会欣赏一个四处撒泼、蛮不讲理的女人，蛮横的性格简直是女人形象的杀手。大多数时候我们都在讨论，一个人讲礼貌是对他人的尊重，其实不仅如此，礼貌的修养同样是对女人自我形象的一个塑造。形象，不是一种简单的外在，而是一个女人内在修养的外在自然流露。良好的修养与礼貌的行为是一个人立足于社会的基础，追求成功的女人一定也都明白，成功的过程不是自己一个人参与的，而需要经过一个过程，在整个过程中需要大家的合作、互助。倘若这个女人没有礼貌，就算有再强的能力和才学，也难免会让你的合作伙伴有所顾忌。所以，礼貌的举止并不只是简单地为了应付他人而被动选择的，而是尊重他人的外在表现，是一堂提高道德品行、内在修养的必修课!

# 谦虚：越有修养的女人越谦虚

“谦虚使人进步，骄傲使人落后。”这句话我们很小的时候就知道，骄傲之所以使人落后，是因为骄傲中带有一种自我满足，没有了进取的动力，让自己停滞不前；而谦虚之所以使人进步，是因为谦虚的人能看到别人的优点，也能看到自身的不足，进而更加努力地去追求进步，完善自己。

越是谦虚的女人越有味道，她们内涵深蕴而秀外慧中，她们的身上充满了活力，甚至会感染他人。而那些傲慢得不可一世的女人只会让人感觉索然无味，浅薄至极。她们骄傲自大，目中无人，即使在某一方面出类拔萃，也难以掩盖性格上所带有的这种缺陷。

谦虚是一种美德，谦虚的女人更是仪态万方，试想，一个美丽端庄的女子面对别人夸奖的时候，只是莞尔一笑，而不是心高气傲地认为这样的夸赞是应得的，也不是面无表情地说声“谢谢”或得意忘形地手舞足蹈，那么，这个女人的从容一定会更让人觉得美丽。

谦虚是一种淡定，是一种从容，是一种对自己的肯定。不嘲笑他人，不冷漠如冰，是对他人的尊重，更是对自己的尊重和肯定。谦虚是因为自信，不是对现有成就的满足，而是对更高目标的追求。谦虚的女人明白自己还需要提高，她们要向着更远的方向发展。她们的谦虚毫不做作、发自内心，是因为她们的修养，也是因为她们的上进。

卓欣被公司的同事称为百灵鸟，她不但长得漂亮，待人友好，而且有着美丽的歌喉，她的声音绝美，唱出来的歌曲更是优美婉转，而她因为喜欢音乐，会唱许多歌曲，不管是通俗的还是民族的，中文的还是外文的，都能信手拈来，如此多才多艺，让人羡慕不已。每次提到卓欣的歌声，大家都伸大拇指，而每次公司举办联欢会，她的歌曲也往往是压轴节目，她的才艺被很多人认可，而她也因此更受欢迎。

一次市里举行业余青年歌手演唱大赛，卓欣在同事们的鼓励下报名参加了这次比赛。她每天都认真准备，终于，功夫不负有心人，充分的准备与天生的禀赋让她在比赛中一举夺魁。然而，得奖后的卓欣却变了，以前别人夸奖她才艺的时候，她会很谦虚地说自己还需要进步，可是现在，她却忘了人外有人，仿佛自己真的无人能敌，而且还把这样的状态带到工作中，在公司她也是腰板挺三分，声音高八度，甚至在上班时间，在安静的办公室环境中也会哼起小曲儿。她陶醉在成功的喜悦里，竟然因为这种骄傲而冲淡了纪律观念。

渐渐地，同事们都感觉到卓欣变了，以前大家欣赏她的才华，现在则是对她疏远；以前的她谦虚上进，现在则自我满足、自以为是、目中无人。如此一个女人，又有谁愿意去接近呢？卓欣还以为是大家嫉妒她，于是更加故作清高，用“木秀于林，风必摧之”的话来自欺欺人，然而，她那亢奋的状态并没有促进工作成绩的提高，反而好几次都因为她心不在焉而出了错误，上司也开始对她有意见了。最后，感觉与公司气氛严重脱轨的卓欣无奈地选择了辞职。

卓欣参加市里的青年大赛是她在公司不同境遇的分水岭，如果她能静下心来客观地分析就不难发现，自己在比赛中夺魁后，就开始自我满足，甚至将这种骄傲的状态带到了工作中，并且给同事带来了不好的影响。同事们对她的疏远，并不是因为他们的嫉妒之心，而是此时的卓欣不可一世，实在只能让人敬而远之。

一个女人，如果在一个群体中尖锐、高傲，那么，恐怕只会将自己推向孤芳自赏的境地。目中无人的女人孤傲得可怜，目空一切的女人更是可悲，而唯我独尊的女人则真是无可救药。这个世界上，永远都是天外有天、人外有人的，“梅须逊雪三分白，雪却输梅一段香”，骄傲的女人在前进的路上难以取得成绩，也难以获得别人的欣赏与喜爱。

相反，那些谦虚好学的女人，能够看到每个人身上的闪光点，她们懂得“三人行必有我师”的道理，虚心地向别人学习、求教；她们对别人的肯定不是巴结奉承，而是发自内心；她们能够客观地看待自己，认识自己的不足，也懂得欣赏别人，而不是看自己一朵花，看别人豆腐渣。一个如此谦和的女人，在哪个群体中不能够与大家和睦相处呢？

身处当下追求物质财富的社会，获得成功是大部分人梦寐以求的，成功不但能够改善自己的生活和自身境遇，同时也能让自己的命运就此转变，成为众人认可和学习的对象。抛开成功人士背后付出的艰辛不说，很多人最主要还是在成功之后怀有一颗平常心，保持了良好的心态和对自己的认识，不骄不躁，对待生活和他人都有着和蔼谦逊的态度，从而更加受到人们的欢迎。

迈向一个又一个新高度的道路是没有止境的，我们不能小富即安似的在获得一定成绩的时候就开始忘乎所以，沉迷在已经成为过去的荣誉之中，而忘记或者忽视继续努力的必要性。成功不是凝固的，它需要富有生命力的鲜活，才能持久不衰。这就要有一种足够谦虚的态度来对待自己的地位和成就，冷静地分析，不断提醒自己勿忘“天外有天”的古训。

谦虚是一种美德，更是一个人取得进步所应该具备的基本素质，具有这种美德的女人，不但会受人称赞，而且能时刻保持一个清醒的头脑，戒骄戒躁，努力提高，激励自己走向更高的境界。

# 孝顺：女人最好的品质

尊老爱幼是中华民族的传统美德，而孝悌之道更是历朝历代所提倡的良好风习。一个孝顺父母关怀亲人的女人，身上带有良好的家庭气息，不但让父母感到欣慰，自己也会在亲情的呵护下更加健康地成长、成熟。相反，那些不孝顺父母的女人，只会落得父母的失望与别人的鄙夷。

“鸦有反哺之义，羊有跪乳之恩”，对于父母的生身之恩和养育之情，我们更应该全力回报。父母给予我们无私的爱，并不是为了等待孩子的偿还，但是，孝顺父母是天经地义的事情，更是作为儿女应尽的一份责任。天冷的时候，叮嘱父母加衣服；团聚的时候，帮父母做点力所能及的家务，都是关怀父母的表现。作为儿女，我们要像父母关怀我们一样去关心他们。

作为一名女性，若是嫁为人妇，那么不但要孝顺自己的生身父母，也要孝顺自己的公婆，因为是他们给了你的丈夫生命，培养你的丈夫成才，你才有幸成为他的妻子。俗话说“家和万事兴”，孝顺父母，便是子女需要为家庭出的一分力。

吴婷在学校里一直是个非常出色的女孩，到了大学时，更是出落得亭亭玉立。很多男孩为之动心，但是吴婷不想只是谈一场风花雪月的恋爱，而要选择一个合适的人共度一生。与她有着同样想法的白桦，最合她的心意。白桦欣赏吴婷的才华，而不只喜欢她的美貌，他有自己的思想，有自己的志向，这也是他吸引吴婷的地方。大四时，两个人正式恋爱了。毕业后，两个人都找到了理想的工作，生活安顿下来后，便开始谈婚论嫁。然而，白桦的父母却对这门婚事意见颇大，认为吴婷出生在一个小农村，跟儿子完全不是一个等次，她肯定是奔着自家的钱来的。可是白桦了解吴婷，两个人相识的时候，吴婷并不了解他的家庭情况，于是，他没有割舍这份感情，而是在父母的反对声中将吴婷娶回了家。

一年后，尽管吴婷已经有了孩子，可是跟公婆的关系还是没有缓解。白桦看在眼里，急在心上。尽管吴婷一再示好，可是父母却无动于衷。

吴婷每个月都去看望自己的父母，并且向母亲请教如何才能缓解她跟公婆的紧张关系，母亲的回答是心诚则灵。后来，老公的生意遇到了危机，吴婷一直守在他的身边，而婆婆却冷嘲热讽，说她是看白桦还能扭转乾坤，所以赖着不走。尽管吴婷的自尊心受到很大的打击，但是她并没有为自己辩驳，她坚信时间能够证明一切。后来，婆婆生病，瘫痪在床，吴婷就将孩子送回娘家，请假照顾生病的婆婆。她不嫌脏不嫌累，把婆婆照顾得无微不至。婆婆终于被感动，抹着眼泪说："都说女儿是父母的贴心小棉袄，我只养了一个儿子，他没那么细心，不像你，这么体贴，想想我以前那样对你，可是你却毫不计较，你真是个难得的好媳妇，我错怪你了，我向你道歉。"

"妈，快别说这些了。"听到婆婆这么说，她激动得有些哽咽，"过去的事就让它过去吧，以后我们好好相处，家和才能万事兴嘛。"

从此，吴婷一家人生活得更加快乐了，他们一家三口常常利用周末去看望公婆或者回娘家看望父母，大家相处融洽，其乐融融。

孝顺自古以来就是受人称赞的良好品质，常言道，“家和万事兴”，良好的家庭环境对人的心理状态有着巨大的作用。协调好家庭内部关系也有着不小的学问，其根本还是在于家庭成员之间的默契和理解。

现代社会讲究男女平等，女人在家庭中也一改往日从属被动的角色，可以拥有自己的观点和见解，并在某些时候为家庭做出重大的决定。出于传统社会习俗的种种因素，女性的家庭地位虽然比过去有了很大的提升，但是有时依然会受到一些长辈在生活当中的阻力和误解。特别是婆媳关系，由于所受的教育、所处的社会和家庭背景的不同而产生的分歧之后，能够做到以德报怨，逐步化解双方存在的分歧甚至是对立情绪，也是对女人的修养极好的历练。而对父母，由于从小的经历不同，长大后的见识不同，代沟也难免出现。所以作为子女更应该多跟父母交流，而不要因为意见的分歧就跟父母疏远。

做到这一点并不容易，每个女人都有着自己的个性和可以选择的生活方式，但是一般情况下不是以牺牲长辈的感受来实现家庭和睦的。孝顺也是一个长期的过程，需要有极大的耐心坚持下来，使得两代人之间能够有充足的时间相互理解、协调，这样才能创造和谐的家庭环境和幸福的生活。

# 善良：善良的心比金子更珍贵

善良的品格如同沙漠里的绿洲，给人希冀。善良是拯救人性的良药。一个善良的女人，会给人春天般的温暖，更会给人天使般的感觉，正是因为内心的那份善良，才会为维持和谐的社会秩序贡献一份力量。试想，假如人人为己，自私自利，甚至为了自己的利益而你争我夺、恶语相向、大打出手，那么社会秩序将会何其之乱，而失去了良好的环境，大家赖以生存的空间便不能安定和谐，那么，我们的生活又怎么能够得到保证呢？

善良虽博大如海，却又蕴于简单而平易的细节之中：它是风雨中悄然为你撑开的一把伞，给你庇护；它是寒冬里为你燃起的一盆火，给你温暖。更多的时候，善良是一句亲切的问候，一个善意的微笑，一声真诚的祝福。善良是人性光辉的体现，是奠定人们高尚精神和道德的基本品质。心底无私是善良，默默奉献是善良，帮人做一些力所能及的小事也是善良。

善良的女人，不会有恶劣的行为，对于生活中的问题，她们总是用温柔与智慧的方式去解决，她们不会招来别人的厌恶，反而让人充满敬意。虽然社会大舞台上的人形形色色，但是她们却总能够保持自己的本真，以善良之心待人待物，时刻散发着人性的光辉。这样的女人让人赞美，让人敬慕。

徐雁是一家饭馆的经理。她命运多舛，从小经历坎坷，大学毕业前父母就先后去世了。她的婚姻也很失败。她虽然人前在笑，可是内心早已因为生活的境遇而不堪重负。更糟糕的是，35岁那年，她得了癌症，住进医院后，她因为觉得生无可恋，没有了求生的欲望，于是十分不配合医生的治疗。

但是，徐雁的这种状态很快就得到了改观。住进医院之后，每天晚上都会有人来陪护，大家都亲切地称徐雁为徐姐，而且对徐雁照顾得无微不至。徐雁每天都会吃到他们做的爱心菜，每天下午都会有人陪她出去走走，跟她聊天，给她讲笑话。虽然生命已不再长久，她却非常开心，因为这些日子是她人生中最快乐的时光，她本来已经不再对人生抱有希望，可是现在，这些人却让她感觉到“人间自有真情在，爱心暖如三春晖”。

奇迹总是会发生的。徐雁的病情没有恶化，相反，在一个月后的检查中，医生发现她体内的癌细胞不仅没有扩散，而且得到了控制。她已经不再有生命危险。徐雁又在医院静养了一段时间，出院的时候，医生跟徐雁谈心，徐雁说：“那些轮流来陪护我的人都是我扶助的学生，从他们上高中的时候，我就开始接济他们，直到他们考上大学。其实，当他们来看望我那一刻，我就有了很强的求生欲望，虽然我三十多岁了，还没有一个美满的家庭，又没有什么亲人，事业也不是非常成功，可是，我还有他们，他们给我的是最真挚的感情。我还有价值，我不能就这么放弃了，我要活下去，做更多有意义的事情。”

徐雁的生命得到拯救，完全是因为她的善良，她帮助了几个贫困的学生，她也从这种助人为乐的行为中看到了自己人生的意义。而这几个学生也对她十分感恩，虽然陪护看似是件小事，可是对于孤独的徐雁来说，却能够缓解她的心结。女人在最脆弱的时候得到关心，往往会得到强大的力量支持，这也就是徐雁能够创造生命奇迹的原因。

当别人遇到麻烦时，明明是举手之劳，可有的人却选择视而不见，那么，当他们自己遇到麻烦时，又有谁愿意出手相助呢？人和人是相互依存的，一个篱笆三个桩，不可能有谁具有万能的本领，虽说献出一份善良、一份爱心并不是为了获得回报，可是当自己袖手旁观的时候，何不来个换位思考，假如那个遇到麻烦的人是自己，心中又会是何感受呢？

“人之初，性本善。”善良的人胸襟博大，富有爱心。也许她们不曾想过，将爱心的种子播撒出去的时候，会收获丰富的果实，但是只要有一颗善良的心，生活所给予她们的不会只是重负，只是坎坷。善良的心比金子更珍贵，你无意中帮了别人一把，或许会让他在生命中看到希望，从而继续努力，走向更美好的未来；你一句宽慰的话，或许就会解开一个人的心结，让他不再意志消沉。善良的女人心如白雪，洁白无瑕，她们是最美丽的天使，因为善良，她们的人生也会更加多姿多彩。

# 简单：单纯的女人受欢迎

《红楼梦》中说，女人是水做的，单纯的女人会让人有“天然去雕饰，清水出芙蓉”的感觉。单纯的女人像是洁白的花朵，芬芳馥郁；像是精雕细琢的美玉，通透无暇。单纯的女人心地善良，不会耍阴谋陷害别人，更不会使尽卑劣的手段满足一己私利。

简单不是没有内涵，而有内涵的女人也不见得就有多么复杂。所谓的简单，不是指头脑简单，这不懂，那也不懂，不会考虑别人的感受，不懂得去完善自己，而是指心地简单，没有太多的歪心眼，不喜欢恶劣的手段与纷杂的搅扰，她们宁静致远，让自己保持着纯洁的品行。

单纯的女人到哪里都是受欢迎的，她们洒脱而可爱，心无芥蒂，既有小女人的妩媚，也有大女人的潇洒和豪爽，心地纯洁，没有杂质，就像出淤泥而不染的荷花。置身大千世界，她们恬淡的笑容便是内心世界最好的诠释，她们不会满口市侩，更不会庸俗不堪，而是具有一种超脱凡世的气质。即使每天一杯清茶，相夫教子、被家务缠身，却拥有简单的幸福，孩子学习进步她幸福，电视剧结局好她也幸福，因为她是单纯的女人，她不会为了追求物质享受而迷失在花花世界。她们对别人永远保持着最基本的尊重和理解，她们有着自己的小幸福、小烦恼，也会为他人准备一片宁静的心灵花园。

周凤在一家大型企业工作，公司竞争非常激烈，有些人甚至采用为人所不齿的手段，包括探索他人隐私、毁坏他人名誉等，领导屡禁不止，结果后来大家草木皆兵，严重影响了公司的正常运作。领导最后决定改革选拔制度，采用大家投票的方式，这样就可以在某种程度上避免恶性的竞争。

周凤是一个非常单纯的女人，一开始大家怀疑她是不是个表面谦和、内心恶毒的笑面虎，渐渐地，大家发现周凤只是安安分分地做自己的本职工作，在公司虽然也会跟同事亲切地交谈，但是不会去问一些别人不喜欢的问题，她虚心地向每位员工求教，有时候也讲讲自己的一些事情，大家对她的戒备心便减弱了。

不久，公司又要进行一次晋升选举，每个人有两个名额的选举权，并且不能弃权。想到升职后会有更加丰厚的薪水，大家都毫不犹豫地将第一票投给了自己，可是这第二票投给谁，他们便要仔细想清楚了，要选一个心地单纯、心胸宽广的人，才不至于在工作中难以与之协调。此时，大家不约而同地想到了周凤，她既没有功利之心，又是个可造之才，这一票投给她一点都不过分。最终，周凤凭着自己的简单而顺利晋升。

周凤全票通过，她在这次选举中能够获得如此好的成绩，跟她的心地单纯是分不开的，假如她为人奸诈、世故圆滑，又喜欢玩计谋、耍手段，恐怕大家会防之唯恐不及，又怎么会在关键时刻投给她宝贵的一票呢?

很多文学和影视作品中会塑造很多充满心机的女性形象，她们思维缜密、权衡利弊、图权谋势，虽曾得众得势，可最终还是被人摒弃，落得个委屈满腹，甚至鸡飞蛋打的糟糕结局。生活在现代社会中

的女人们，似乎多多少少都免不了会有一些为达到某种目的的造作。其实，没有人希望自己是这样的，也并不希望身边的人这样。这时候，有的女人就会说了："如果没有头脑，我们怎么能够在这个社会上生存呢？"事实上，这也未免把"生存"的要求规定得太苛刻了些。

活得单纯些，完全不是被我们误解的头脑简单、毫无道理的天真。这是一种做人的纯净，是内心对世界的观察和思考，透明清澈、真诚可靠。单纯不是做出来的姿态，而是自己内心的纯洁与宁静。无论世界如何纷扰，清者自清，内心的天空始终是一片晴朗。浊者自浊，甚至搬弄是非，颠倒黑白，这只能把自己的人生道路走得越来越窄，使得生活逐渐变成一个包装着华丽躯壳、故作强硬来满足内心的黑色影子。相信在阳光和黑暗里，女人们的内心都是向往光明和开朗的。

水，无色无味，大家却不会对水视而不见，因为它对我们至关重要。单纯的女人更是如水一般，她们内心清澈，即使没有牡丹的娇艳，没有茉莉的清香，但她们在一个群体中的重要性不容小觑，她们可以在不知不觉中稀释不愉快，让他人不必劳心费力地对她们敬而远之，更可以跟她们分享快乐，向她们倾诉内心的苦楚，因为她们有基本的道德底线，她们不会抓住别人的把柄不放，她们只愿意做别人的朋友，而不愿做任何人的敌人。做一个简单的女人，奉献一份爱心、一份善良，你的人生将会更加璀璨！

# 坚强：用柔肩撑起一个世界

人生的旅途漫长而又充满了挑战，并非任何时候都那么顺利，美好的时光中总是夹杂着一些磨难，而面对这些磨难，不同的人通常会有不同的表现，尤其是女人。有人说，女人是一种感性的动物。的确，女人常常受到感情意识的左右。在遇到磨难的时候，有的女人选择了放弃，从此一蹶不振；而有的女人则敢于挑战，将坎坷与磨难连根拔起，用柔肩为自己和家人撑起了一个世界。

坚强的女人是伟大的，她们有着不屈不挠的意志，有着不可摧毁的毅力，任何困难都不会击倒她们。她们明白，“宝剑锋从磨砺出，梅花香自苦寒来”，天上不可能掉馅饼，人生不可能一帆风顺，谁都会遇到一些坎坷，遇到困难就畏畏缩缩，绝对难以成就大业，而那些能昂首挺胸走过艰难的女人，才能成为风雨后的铿锵玫瑰。

荞荞因为很小的时候受过惊吓，所以迟迟不能说话，看着她可爱的样子，再想想不能说话的缺陷，家人都为她急坏了。等荞荞再长大点了，虽然已经可以开口说话了，但是发音却很模糊，还有点口吃。有的小朋友会因此而嘲笑她，荞荞感觉很羞愧，于是，她开始自闭，不喜欢说话，不喜欢跟人交流，经常一个人在屋子里闷闷不乐。

对于这些，荞荞的母亲看在眼里，疼在心里。看着女儿那稚气的脸庞，她想，每个孩子来到世间的时候都是一个天使，每个天使都应

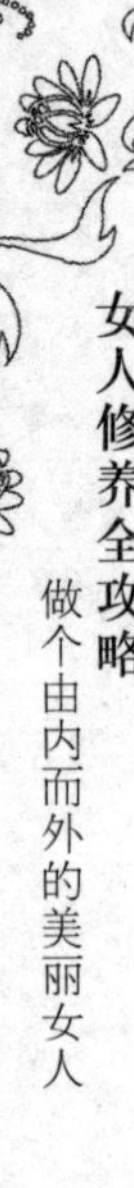



该有自己的美丽人生，荞荞的一生，不能毁在口吃的毛病上，于是她下定决心一定要好好教育荞荞，帮她摆脱心灵的阴影。可是，荞荞对开口说话非常抗拒，每次都不配合，不想开口，母亲有些焦急，但她还是静下心来，考虑有什么更好的办法。思来想去，终于计上心来。

母亲买来了录音机和磁带，让女儿跟着录音机学习唱歌。那悦耳的歌声传来，荞荞觉得美妙极了。母亲便趁机问她，想不想也唱出这么美妙的歌声。荞荞觉得有趣，不但接受了母亲的这种练习方式，还对唱歌产生了很大的兴趣。

幼儿园的六一儿童节到了，荞荞演唱了一首儿歌，听到大家的掌声，她更高兴了。她第一次获得这么多人的认可，内心终于多了几分自信。

荞荞受到了鼓励，对练习好说话也更有信心了。虽然已经口吃了几年，但她还是每天坚持练习背诗、读课文、唱歌，她说话越来越流利，同时，因为接触到的诗词歌赋比较丰富，她也懂得了很多知识。经过坚持不懈地努力，在小学三年级的时候，荞荞终于能够和正常的孩子一样说话了，此时的她不但成绩优异，还是一名优秀的班干部呢！

荞荞的母亲是值得歌颂的，她不屈不挠，不相信女儿终此一生都要受到口吃的影响，于是想尽办法让荞荞恢复正常，即使一开始没有成功，她也没有放弃，一直坚持着帮助女儿练习说话。如此坚强执著的女性，实在让人佩服。母爱是伟大的，而她作为一位女性，这种用柔肩支撑起一个世界的精神更是难能可贵的。

长大以后的荞荞，时刻记得自己小时候的故事，每当遇到困难，她都不会轻言放弃。大学毕业后，她怀揣着梦想，憧憬着明天，一个人来到异乡闯荡，然而，一切却并非想象中的那么顺利。荞荞的工作还没有着落就被人偷了钱包，而她所剩的只有一把吉他和一张地图。于是，她就到地铁站里去卖唱，地下通道里的路人向她投来各种各样的目光，有的是对她这种精神的肯定，而有的则显示出了不屑和鄙夷。荞荞一直没有把自己的境况告诉家人，而是一个人默默地继续努力，因为她相信难关一定会过去。

果然，荞荞每天在地下通道演唱，她也发现有一位男士每天都会在固定的时间来听自己唱上一两首。而这位男士，正是流行乐坛内一位著名的音乐制作人，他成了荞荞的知音和伯乐，从此荞荞开始了属于自己的真正的歌唱事业。

坚强的女人是坚韧不拔的。生活可以艰辛，可以剥夺一个女人消费金钱的权利，可以吞噬一个女人享受的时间，但是不能夺取她追求幸福和理想的权利。坚强的女人是快乐的，是充实的，她们有自己的追求，活得简单而充实，不会去慨叹命运不公，更不会去怨天尤人。对于肩负的责任，她们勇敢地承担，从不退却。坚强的女人是值得尊敬的女人，她们用自己最瘦弱的肩膀扛起一座座大山，为自己的未来撑起一片蓝天。故事中的荞荞的母亲是一个坚强的女人，故事中的荞荞也像她的母亲一样坚强，她们都凭着不轻言放弃的精神达到了自己的目的。

轻言放弃的女人，品尝的最多的味道便是失望，那种历经重重险阻，最终迈向成功的胜利感只属于追求不懈的人。浅尝辄止终究难成大事，坚持到底才是取得成绩的不二道理，不屈不挠、勇攀高峰的女人才更值得赞誉，能够用柔弱的肩膀撑起一个世界的女人，更是令人欣赏。

# 磊落：坚守为人处世的原则

光明磊落的人是受人赞誉的。不管是茫茫人海，还是竞争激烈的商海，能够做到光明磊落的人都会受人爱戴与尊敬，而能够做到这一点的女人，更是令人刮目相看。能够坚持这种处世的原则，不仅需要正确的人生观与价值观做铺垫，更需要一种非凡的毅力与勇气。做到这一点并不容易，但是，不容易并不代表可以轻言放弃。

说到女人，很多人想到的形容词除了美丽往往就是柔弱，然而，现在的女人并不甘于人后，她们为了理想而努力地拼搏。在激烈的竞争中，她们不仅要做好各种权衡，为人处世更要坚持自己的原则，坚定自己的信念，认清自己的优点，肯定自己的价值。尤其是在与人共事的时候，保持做人的本色显得格外重要。此外，女性要想在社交场合中赢得更多的尊重，更要保持良好的自我本色，学会积极处世，坚守自己的原则。不要把自己的意见强加给别人，更不要对事情有过多的占有欲和控制欲，而应坚守心中的道德底线、不同流合污，用行动表明立场，这样才能在走向成功的道路上光明磊落，始终无愧于自己的良心。

坚守为人处世原则的女人行得端坐得正，因为磊落、正义，所以底气十足，仰不愧于天，俯不怍于地，不管是在职场中还是在日常生活中，她们都不会刻意地使阴谋、耍手段，任何时候、任何地点，她们都会展示出真我风采，保持着人性的善良，心如明镜，始终追求真我所归。

梁倩是一家公司的项目负责人。这家公司的模式是，每个办公室为一个项目组，对于工资，每个项目的费用，先由公司提出一部分，剩下的全部属于这个项目组，而项目组的员工都是拿固定工资的，再除掉这些员工工资，剩下的钱要抽出20%作为员工的奖金，再剩下的才是项目组负责人的。

梁倩深知，大家彼此协调完成一个项目不是一件简单的事情，而且每个人都为了做好工作而尽心尽力。梁倩看到大家辛苦，也明白大家付出了血汗，所以，每次都把项目组的单据贴出来，让大家过目，让大家做到心中有底，而不至于怀疑是不是梁倩在上面做了手脚，从而影响大家的工作状态。在整个办公室里，梁倩的收入是最高的，但是她从不会因此而看不起自己的下属，相反，她非常体恤他们，谁生病了或者家里有事情，梁倩都会很爽快地给他们批假。

其他项目组的负责人觉得梁倩这么做太傻，有人悄悄地劝她："何必把那些单据贴出来呢，你要是把数字说得小一点，就不会被抽走那么多做员工的奖金了，留下来逛街买衣服也好啊。"

而梁倩却一本正经地说："每个人只应拿自己该拿的部分，那些奖金本就是属于他们的劳动成果。如果我为了一己私利，剥夺了他们的奖金，那么他们的辛苦实在不值得。"

正是梁倩的项目组对财务的公开化制度，使得大家对梁倩非常信得过，而且非常拥护她，每当遇到困难，大家都能齐心协力，努力克服。而在梁倩的带领下，这个团队也越来越强大，成为公司的顶梁柱，并且有了更多的发展机会。

纸是包不住火的，如果梁倩像其他负责人一样，私自克扣员工的奖金，那么，等到事情败露的那一天，项目负责人将会一败涂地，不仅要承担从前的责任，还让自己的人生有了污点，在以后的工作中恐怕也没有办法面对曾经一起共事的人了。而梁倩态度端正，待人诚恳，在工作中深得大家的信赖，她让自己的团队越来越有凝聚力，于是，整个团队的人员便实现了共赢，而作为项目主管的梁倩也更有前途了，比起贪图小利，她的做法无疑更值得赞赏。

为人处世坚持原则的女人，不会受到不良习气的影响，在利益面前，她们不会选择卑躬屈膝；在权势面前，她们不会选择同流合污。她们的天空永远都是蔚蓝的，她们的内心永远都是明澈的。如果一个女人修养颇高，时时处处都能保持真我风采，那么，她就不会为更多的浮尘琐事所羁绊，就能够怀着更加轻松的心态去感受生活的美妙。

一个女人，如果失去了为人处世的准则，因为一点私心而做出损害他人的利益，即使满足了自己眼前的需要，也不利于长远的发展。在物欲横流的环境中，迷失了自我的女人是可怜的，即使有了许多的成绩，有了享受的资本，却再也无法找回内心的那份洒脱。俗话说，君子坦荡荡，如果一个女人可以不论在哪里都能做到坚持光明磊落，那么，她一定会被更多的人拥戴。

# 第四章

## 充实内涵，让女人洗尽铅华却不减底蕴

花容月貌最终抵挡不了似水流年，当岁月洗尽铅华，红烛消残，美貌不再，有内涵的女人却风情依旧，更显成熟儒雅。无情岁月增中减，有味读书苦中甜，充实自己的知识，不但是女人立足于社会的必然选择，也是丰富自身内涵的有效手段。青春的容颜难以长存，然而，女人的风度与底蕴却可以永不消减。

# 知识，彰显女人的人生价值

莞尔一笑，尽显女人风情万种；举手投足，更显女人优雅；琴棋书画，才女更是难求。一个饱读诗书的女人，气质会与众不同；一个知识丰富的女人，神韵会独具一格。同样，那些只会追求高端消费而脑内无半点知识的女人，就会给人空洞的感觉，美丽的背后尽是浮华，全无内涵可言。这样的女人，即使能够凭借美貌取悦别人一时，但是随着时间的推移，当自己的浅薄逐渐浮出水面的时候，她们在他人的眼中也将会风华不再。

一个知书达理的女人，饱含风韵，在家庭中，她们理解家人，热爱生活，将生活打理得井井有条；在工作中，她们施展才华，独当一面，凭借自己的知识在生活中获得快乐，在工作中获得进步。没有知识的人将会被社会所淘汰，而追求知识的人则会不断给自己充电，在激烈的竞争中立于不败之地。有知识的女人内心澎湃着激情，她们紧跟时代，掌握前沿的技术与信息，让自己的内涵更加丰富的同时，也让自己的能力得到提升。

自古以来，中国就有关于才子佳人的故事，其中李清照的故事广为人知。李清照是宋朝著名的女词人，更是婉约派的代表人，笔下之词旷古烁今，她与丈夫赵明诚两情相悦，琴瑟和鸣，吟诗作赋，著书立说，可谓“只羡鸳鸯不羡仙”。而当今时代，女人不但为人妻、为人母，肩负着重要的责任，还要在职场发挥才能，所以，知识对于女性便显得尤为重要。一个有知识的女人，不会因为常识性的错误而导致工作走入死胡同，更不会因为知识的匮乏而导致经常手足无措。知识女性善于经营，她们理性地对待生活，为自己、为家人营造一个温暖的空间。

秦薇一直很热爱自己的工作，结婚后，丈夫赵淮再三要求她做全职太太，秦薇知道丈夫是疼爱自己，怕自己在外面工作辛苦，受委屈，但她并不想放弃工作。可是，最终在丈夫的软磨硬泡之下，她还是同意辞职了。一开始她还觉得挺轻松，自由的时间多了，想逛街就逛街，想泡吧就泡吧，可后来她就有点厌倦这样的生活了。但是，秦薇一直是个非常积极向上的人，她并没有因此而彷徨，她买来了许多书，在家里学习起来。朋友聚会的时候，秦薇说自己感觉到无聊，看书充实了生活的时候，有的朋友却说："上了十几年的学，你看书还没看够啊，要是我啊，我就今天看电影，明天去健身房，后天去美容院，大后天去买衣服，哪里还有时间看书啊。"

秦薇只是莞尔一笑，心想，艺多不压身，多学点东西即使用不上也是有备无患的。自从读书以后，秦薇觉得自己的生活充实而美好，她时刻保持着良好的精神状态。当丈夫回来的时候，看到她甜美的样子，感受着家的温馨，人也神清气爽，两个人聊天的话题不再限于儿女情长，不再限于公司那点事。看着秦薇的知识越来越丰富，丈夫也越来越欣赏她了。

有一次，香港组织了一次学习活动，赵淮不想错过这个机会，可是公司的事情又没有安排好，实在放不下，秦薇便劝他："这样的机会来之不易，错过了就不一定再有了，可公司不一样，公司各种各样

的人才都有，只要大家分工合作，就能够正常运行，这段时间就由我暂时帮你打理吧。”

赵淮想，秦薇毕竟是自己的妻子，她一定会全力以赴的，而她在之前的工作中也小有成绩，尽管他还有点犹豫，可是看着秦薇那自信的样子，他还是答应了。

一别就是一个月，当赵淮再回来的时候，他发现公司运作得非常好，而且气氛比以前似乎更好了。他走到自己的办公室，发现妻子正一本正经地写着策划书，看到她那投入的样子，赵淮实在不忍心再让她做金丝雀，将她困在家里了，她是一个人才，应该在职场大舞台上一展身手。当丈夫跟其他员工打招呼的时候，他们都说临时经理很有见地，思考周密，决策果断，是不可多得的人才。于是，赵淮便让秦薇来公司跟自己一起领导大家工作。从此，两个人不再只是家庭中的伉俪佳人，更成为事业上的黄金搭档。

当秦薇处于优越的环境中时，如果她选择了放纵自己，让自己一步步走向懒惰，只追求物欲，那么，她也只能用容颜取悦于丈夫；与此相反，她选择了自强不息，即使在没有参加工作的那段日子里，她也并没有放弃学习，而是不断地积累知识，终于等到了一展自己才华的机会，可以更好地实现自己的人生价值。

知识是女人立足于社会的有力武器，它能塑造女人的良好心态，丰富女人的内心世界，彰显女人的人生价值。掌握知识，便能把握未来，因此，做一个知性女人无疑是女人的绝佳选择。

# 知识是女人最好的化妆品

当今社会，女性的地位在不断提升，女人追求幸福的起点也在攀高，对于知识的渴求成了女性价值观不断提升的基本表现。在女人的潜意识里，对美似乎永远都是那么趋之若鹜，这为市面上鱼龙混杂的化妆品提供了很好的供给土壤。殊不知，与外在的美貌相比，内心的善良以及知识的渊博，才是让女人散发无限风姿的内核所在。

在当今社会中，你若细心地观察，就会发现两种女人的存在。

第一种女人拥有精致的面容和高傲的姿态，可那高高昂起的头颅已经出卖了自己的底细——用外表的光鲜来掩饰内心的种种恐惧抑或空洞的内心。这种女人出入高档服装店，大手笔购入奢华的护肤品、化妆品用以装扮自己，因为在她们的自我认知中已经承认了自己需要用外在的力量来填补头脑空白以及内心空虚的事实。

姑且不论此类女人的生活状态究竟如何，单单看其表现就不难发现，她们丰富的物质基础其实不能带来幸福。她们的幸福就如同风筝一般高高在上，只凭手中的风筝线是经受不住任何狂风考验的，倘若狂风大作，风筝必然会挣脱线绳的束缚而飘之远去，剩下的就只有关于幸福的虚幻泡影。

旁人眼中的奇奇是幸福的，她可以随意购买任何想要的东西，因为她的老公有足够多的钱供她消费。

奇奇穿高档服装，用全球限量版的皮包，出入高档会所，并且拥有各种价格不菲的贵宾卡。但是这样的她真的幸福吗？其实，个中滋味只有奇奇自己知道。她和自己的老公相识、相知到相恋都符合当今快节奏的生活，如同闪电一般迅速完成。

婚后，留学归国的老公无奈地发现，当初令他着迷的奇奇不过是一只美丽易碎的花瓶，奇奇除了善于装扮自己之外，竟然没有女人最应该具备的东西——内涵。

在结婚后不久的一次高端宴会上，楚楚动人的奇奇博得了在场所有人士的注目，大家纷纷表示奇奇美得无与伦比。但是接下来发生的一切让众人对奇奇的看法产生了一百八十度的大转变。外表光鲜亮丽的奇奇在宴会上竟然出现了很多常识性的错误：与别人交谈的时候混淆了名人的名字，行为举止轻浮随便，根本不了解基本的宴会社交礼仪……这一切引得众人纷纷摇头，宴会上出现的状况不仅让奇奇尴尬无比，也令奇奇的老公颜面扫地。

宴会结束后，奇奇的老公和她进行了深谈，他认为两个人没有共同的话语基础，并且对二人草率地结婚表露出丝丝悔意。于是，本应该甜蜜的新婚小两口，生活如同一潭死水，陷入了冷战之中。

通过婚后的种种，奇奇猛然醒悟：原来昂贵的化妆品、服装只能包装自己的外表，给他人带来幸福的概念，却换不回真正的幸福内涵。如果想要得到真正的幸福，就要让自己拥有知识，让学识化作女人最美的化妆品，从内心来装扮自己。

从此以后，奇奇购买了很多书籍，并且报了大量学习班，准备打造全新的自我。功夫不负有心人，年底奇奇的老公所在的公司要举办大型年会，要求携带家属。奇奇的老公面露难色，生怕自己妻子的粗俗浅薄再次让自己难堪，但是奇奇信心十足，说服老公让自己一同前往。

年会上，奇奇举止得体、谈吐优雅、话语得体有度，赢得赞声连连。老公惊异又欣喜地望着奇奇，眼神中满是赞赏。就这样，奇奇懂得了女人拥有幸福的秘密武器其实就是知识，是知识挽救了自己的婚姻，更是知识让自己成为真正的幸福女人。

第二种女人也许会素面朝天，但是她们自信、从容、乐观地面对自己、事业和家庭，并多者兼顾地过着自己的幸福生活。难道是上天赐予了她们巨大的魔力吸引着幸福的到来吗？当然不是！是因为她们懂得领悟幸福的真谛，懂得打造生活中的幸福需要广博的知识、开阔的视野和丰富的想象力。拥有知识内涵的女性会显示出另外一种美丽，是由内而外散发出的女人魅力。知识女性温柔、细腻、感性，在事业中与男性并驾齐驱，用知识源源不断地给予自己工作前行的动力；生活中她们温婉可人，担当着贤妻良母这个在家庭中的重要角色。

李婧是某高校的大学教师，她用渊博的知识赢得了学生的热爱和同事的好评。李婧天性聪颖，勤奋好学，年纪轻轻就已经评上了教授。出于好奇，报社记者李丽决定采访李婧老师，并一睹其庐山真面目。

李婧老师微笑着走进采访间，只见她略施粉黛，朴素的着装让她看起来与旁人并无大异。可是随着采访的进行，李丽被李婧老师得体的谈吐和丰厚的文化底蕴所深深折服。她终于明白了李婧老师的魅力所在，那是一种用精美妆容所达不到的超凡境界，精致的妆容只能给人带来视觉上的效果，而知识女性给人带来的却是心灵上的冲击和震撼。

采访过后，同为女人的李丽受益匪浅，于是提笔写下了一篇名为《知识是女人最好的化妆品》的文章，希望与天下女性共勉。

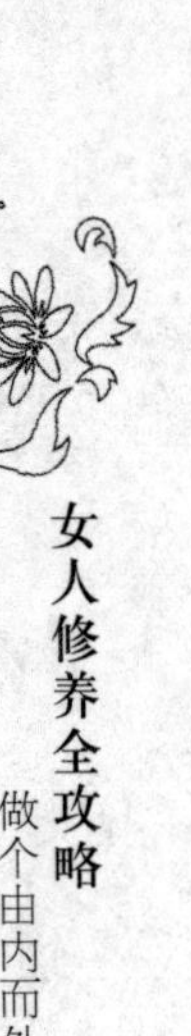



请记住一点，化妆品不会让女人拥有气质，因为气质是由内而外散发的迷人女人香，它需要女人自我的努力和时间的积淀。生活历练后的女人色彩浓重，绝对不是化妆品可以描绘勾勒的，那是从知识当中提炼出的气质、内涵、修养和才学的结晶体，是构成女人美丽的绝佳因素。美丽属于幸福的一部分，但它不可能成为幸福。我们通常所看到的高贵、优雅、高高在上、不可侵犯的女人，她们总是那么纯洁和超凡脱俗，因为她们拥有知识傍身，而不只是美貌于外。

对于女人来说，知识是最好的化妆品，它能为女人带来自信、优雅和睿智，从而将这美妙的姿态传递至幸福周边，成就幸福美满的人生。

# 运气会被用完，但才气不会

有的女人生于富贵之家，命途顺利，不需贫穷洗礼，上好的学校，受到良好的教育，找到好的工作，嫁了个好老公；而有的女人却命途坎坷，家境不尽如人意，人生的每个阶段都历尽艰辛。然而，不管是顺境还是逆境，只有那些不寄希望于运气，努力提高自己的才气，凭借自己的能力施展才华的人，才能最终走向成功，走向幸福。因为运气总会被用完，但是才气却不会，人生的机会大部分都要靠自己争取，只有有准备的人才能得到机会的垂青，所以，聪明的女人一定会不断提高自己的知识水平，随时等待机遇的来临。

知识包括很多方面，当一个女人走上工作大舞台时，要充实自己的专业知识，阅读相关的书籍，对于自己的专业技能，更要精益求精。当然，对于能够扩展视野、增加知识的书籍也不要拒之千里，知识永远不会背叛自己，你只有将它牢牢记住，它才会在你需要的时候为你效力。

才气不仅限于书本知识，也包括各种各样的特长，有些人的特长是才艺，唱歌、舞蹈、书法、写作等，而有些人的特长则是好记性、善算术、精厨艺等。即使没有从事与自己特长相关的工作，也不要将这些才华搁浅，因为它们不仅可以怡情悦性，总有一天还能够派上用场。

被冠之以才女之名的人往往更具有气质，她们懂得如何提升自己

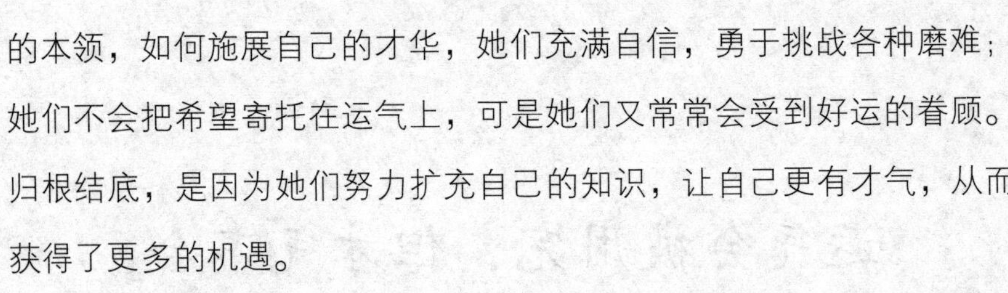

的本领，如何施展自己的才华，她们充满自信，勇于挑战各种磨难；她们不会把希望寄托在运气上，可是她们又常常会受到好运的眷顾。归根结底，是因为她们努力扩充自己的知识，让自己更有才气，从而获得了更多的机遇。

田晓有两个爱好，一是书法，二是美食，她的厨艺尤其精湛，做出的美味无不让人赞叹。现在的田晓是一名职业白领，拿着不菲的薪水，做着体面的工作。但是，她并没有因此而将自己的爱好搁置，闲暇之余，她总是会写写毛笔字，周末的时候也不忘叫朋友来聚一聚，自己去厨房露一手给大家品尝。

当金融风暴袭来的时候，田晓的公司效益低下，难以运转，资金周转困难，于是实行了大规模裁员，田晓也不幸地被列入被裁人员之中。失去了一份好工作的田晓并没有垂头丧气，而是积极地进行着下一步的打算。

朋友们来安慰田晓："田晓，别难过，你那么有才华，而且现在又有了工作经验，再找其他的工作一点都不成问题。"

可是田晓却摇摇头："现在正值金融危机，公司几乎都在裁员，你上午面试通过了，下午公司可能就倒闭了。我还是决定自己开个饭馆，反正我对美食也有研究，选好位置再雇个人就行了。"

虽然田晓只是抱着尝试的态度，但她还是说干就干。经过考察，她选择了一个地理位置优越、人流较多的区域，并很快就租好了店面开始装修，与此同时也招聘好了员工。店面装修好之后，饭馆很快就开始营业了。田晓本着对客人负责的态度，决不容许饭馆有任何欺诈行为，渐渐地，饭馆得到了大家的认可，回头客也越来越多，田晓这个老板娘也做得非常开心，饭馆也逐渐扩大了规模。于是，田晓聘请了餐馆经理来帮忙打理，自己比以前轻松了很多。这时候，在朋友的介绍下，田晓又认识了许多爱好书法和美食的朋友，每当和他们在一起的时候，田晓别提有多开心了，现在的她做的都是自己喜欢的事情，心情愉悦、春风满面。

倘若田晓做了白领丽人之后就将自己的特长搁置一边，只顾着享受做一个白领的优越感，那么，当意料之外的金融危机到来之后，面临着被裁员的境况，她要么一蹶不振，要么再找一份工作，然而那个时候，想找一份合适的工作恐怕也是难上加难。幸好，田晓并没有放弃自己的爱好，她随时都能挥洒着自己的才情，不但做起了老板娘，还做得有声有色。

谁都喜欢有好的运气，一帆风顺，然而，生活的逆境从来都不可避免，只有那些在困难面前不低头的女性，才能走出更广阔的天地。此时，她们克服困难，靠的不是花容月貌，不是窈窕身材，而是知识与才气。一个人有生意头脑是有才，有一技之长也是有才，任何时候，都不要放弃对自己才华的培养，因为在关键时刻，它会给你带来阳光与温暖，给你带来意想不到的收获。

谁都不可能一辈子被运气之神照顾，如果想让自己在任何时候都从容不迫，那就选择培养自己才气的方式吧！

# 读书，成就一份永不过时的美丽

窗帘拉开，一个女人坐于窗边的茶桌旁，手捧一本书，神情投入，偶尔品一下香茗，可目光依然停留在了书页上……下午的阳光照射进来，女人显得优雅而高贵，这是一幅多么美丽的画面。女人将自己打扮得花枝招展是一种美，用知识武装自己更是一种美。书，永远都读不完；知识，永远都用不尽；女人读书，是一种永远都不会过时的美丽。

茫茫书海，汇集了文学精粹，万千书目，写尽了人间悲欢。读一本红楼，看三千弱水，只取一瓢饮；捧一本《读者》，看社会浮生百态；读一本散文，怡情悦性；读一本小说，品人间悲欢……每一本书，都是作者们辛勤创作而成，用心去读，领略个中滋味，醉过方知酒浓。女人天生心思缜密，读书时，更能将书中的东西引为己用，就像儿时，我们从书中学会了识字阅读，从书中学会了算术，从书中认识了大自然，如今，我们一样能从书中学到做人的道理，学到许许多多的知识。

女人是水做的，她们纯净、美好，而正是读书才使得她们更加宁静、深刻、隽永。二十多岁的女人，满是少女情怀，读书可以让她们丰富人生，憧憬未来；三十多岁的女人，已具成熟风韵，读书可以让她们更具内涵，魅力无限；四十多岁的女人，更懂人生酸甜，读书可以让她们心态轻松，生活自在；而当美人迟暮，饱经岁月洗礼，读书可以让她们忆往昔风华正茂，看今朝风采依旧，回味过去与享受现在结为一体，岂非是一件美事?

卢茜是一名老师，今年32岁，她的孩子也已经5岁了，她工作之余常常读书，并将这视为放松身心的绝佳途径，而她所读的书，包罗了多种书目，从古典名著到现代爱情小说，从养生到科普，从旅游见闻到历史未解之谜，所有的书都让她入神。而她更注重培养孩子的读书爱好，各种卡通图书、童话书等，孩子都非常喜欢，而且，正是因为母亲的教导，孩子在5岁的时候就已经认识好多字了。

有的朋友看卢茜家里有那么多藏书，便对她说："卢茜，你是个历史老师，只看历史方面的书籍就够了，这么多书看得过来吗？"

卢茜笑笑说："山不厌高，海不厌深嘛，这些书都让我长了不少见识，你们不是还常常问我怎么懂那么多吗，道理很明显啊，秀才不出门，便知天下事，靠的可不就是这些书吗？"

卢茜因为读书多，她的知识也在不断地丰富，而一个读书多的女人自然具有别样的气质，这让她显得更加有内涵，有魅力，不但生活更加丰富了，好书也给她的工作带来了正面影响，让她以更加积极的状态来面对工作和生活，从而更加开心，更加幸福。

一本书是静止的，上面的字、页码等都不会变动，然而，它的作用却不是静止的。对于每一本书，读者们都是仁者见仁、智者见智，读书使人心平气和，读书使人明理通达，读书使人知识广博，读书使人聪敏智慧。这个世界上的事物有千千万万，我们不可能去一一经历、一一感受，将自己置身于书的海洋之中，便可体味各种事物的妙处。

当一个女人走出校园后，就会忙于工作，忙于结婚、生子，当

一个女人抱怨俗务缠身的时候，或许已经忽略了让心态保持年轻了。而读书是保持良好心态的良药，哪怕每天只读一两页，当一行行铅字在眼下活灵活现，仿佛把你带入另一个世界的时候，你的心将不会为俗事所羁绊，也不会为生活而烦恼。读书，能够给自己一片放松的空间，给心灵一个宁静的港湾。

读书是一种极美的享受，就连翻书的声音都是那么动听。女人，不要总是被无休止的物欲所驾驭，在红尘俗世中迷失了自己，给自己一点时间去读点有意义的书，那字字珠玑的文章，那深刻隽永的道理，不但会让你的知识有所增加，就连你的修养、内涵也会在无形之中得到提高。当一个因为有内涵而自信的女人行走于人群之中时，有谁会觉得她不够美丽呢?

# 读书，是获得幸福成功的前提

每个女人，对爱情和婚姻都充满了美好的幻想，然而，很多走进婚姻城堡的女人却走向了不同的命运，有的与爱人两情相悦，举案齐眉，而有的却为生活所累，找不到爱情的乐趣，更找不到婚姻的幸福感。其实，这与自己选择的伴侣有关系，也与女人自身有一定的关系。有的女人懂得为爱情保鲜，她永远都不会是静止的状态，她时刻注意提高自己，自己也将会更有魅力更加迷人，与爱人相看两不厌，这样才能达到理想中的幸福。

读书使人明智，古人就说，“书中自有千钟粟，书中自有黄金屋，书中自有颜如玉”。对于女人，读书的作用更是妙不可言，读书可以丰富知识，提升气质，让一个女人更加明事理、懂是非，让女人在家庭生活中做得更加完美，从而更加幸福。而在工作中，越是有知识、有见识的女人，越能把本职工作做好，并且凸现出较强的工作能力，从而受到器重，获得更多的机会迈向成功。

李茹是公司的骨干，常常有很多事情要打理，如果稍有差错，就会给公司带来严重的后果。她心思缜密，考虑周全，经理对她非常放心，每次都对她委以重任。李茹在职场如鱼得水，年轻有为，很多人羡慕不已。

李茹的枕边常常放着一本侦探小说，而办公桌上则常常放着一本

关于职场女性心态的书。细心的朋友会问她，为什么不多看一些管理方面的书，李茹则说，管理的书也看，但是侦探类的书跟心理励志类的书对她一样非常重要，每次看侦探类的书，她都不会一次看完，而是先看案情，自己充当一次侦探，分析案情，猜测缘由。正是这样，李茹的思维越来越敏捷，在布置工作的时候，几乎面面俱到，并因此受到经理的赞赏。而那些心理励志类的书，则是为了让自己在繁忙的工作中寻找到一丝宁静。每天面临着纷繁复杂的工作，不但要投入大量的精力，还要小心翼翼，而且重复性的工作又非常多，难免会有些枯燥，而处于同一环境中，进行高强度的工作难免也会觉得疲倦，因此，这就需要一种有效的方式来调节。

每天吃完午饭，李茹就会打开办公桌上的书，认认真真地去品味那文字里的味道。那字字入理的文字正是她所需求的，而作者所阐释的职场心态也是她所需要的，从书中，她看到了自己的影子，更看到了自己的未来。

不仅如此，李茹的爱情也悄然而至，她在职场是一个能干的女性，这就展示了女性自立自强的独特魅力，而时刻注意端正自己心态的女性一定也会注意内外兼修，让自己的修养不断地提高，这样的女性不但得到同事的肯定，也容易获得异性的青睐。她们自信而有能力，谦和而不失风范，职场白骨精也是许多白马王子所渴望与之共度一生的女人。当玫瑰和巧克力来临的时候，李茹也许没有想到，在她甜蜜的爱情中，读书也起了重要的作用，正是她的知书达理，才使得她与恋人琴瑟相和，爱情如蜜。

没有男人会真正喜欢跟一个只会耍小性子的女人过一辈子，哪怕能包容一时，可人的忍耐总是有限度的，两个人一起生活，更多的往往是些琐事，此时，那些通情达理的女性才是男人最好的选择，而书对女人的教化作用也是不可小觑的，一个懂得尊重别人，讲孝道、够坚强的女人，才能在家庭中顶起半边天。所以，女人读书，提高自己的修养，能为自己的家庭生活幸福和职场工作顺利奠定良好的基础。

女人渴望幸福，渴望成功，那就从读书做起吧。你不需要每天埋首书海，两耳不闻窗外事，只要时时处处记得提高自己，从书中去领略一些知识，并将它学为己用。在生活中，知道如何与别人相处；在家庭中，知道如何做一个知性女人；在职场中，能处理好工作，并与同事处好关系，那么，你离成功就已经很近了。不要小看了读书的作用，当你越来越心如明镜、心态端正、更思进取的时候，你将会超越自己，取得理想的成绩。

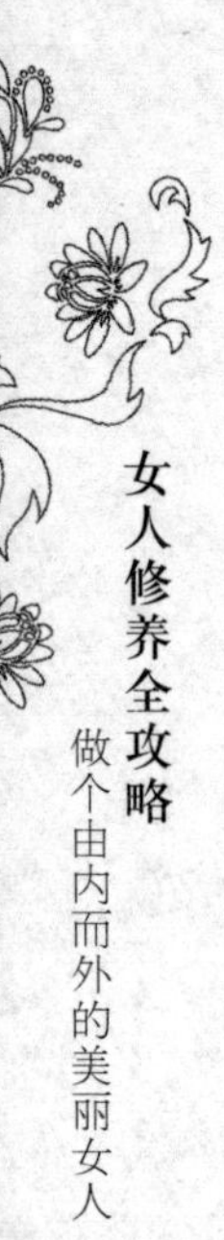



# 想要改变命运，就要拥有知识

女人，请你伸开右手，看到了吗？生命线就在你的手中，这说明命运在你自己的手中握着呢。那么，就请相信自己，为了美好的未来，为了光明的前途，为了一生的幸福，努力吧！自暴自弃的人不会知道什么叫做胜利，浅尝辄止的人难以体会成功的滋味，只有那些不断激励自己，要求自己上进的女人，才能成为最靓丽的风景。

人生总是面临着很多选择，即使机遇到来，你就有十足的把握能够争取到这次机会吗？就算争取到了，你又有十足的把握利用好这次机会吗？当你的知识越丰富，你的底气就会越足，因为知识是改变命运的有力武器，它可以让你在人生大舞台上一展风采。在许多竞争中，你之所以能够胜出，往往就是因为你比对手拥有更丰富的知识。培根曾经说过："知识改变命运。"那么，何不充实自己的知识，让自己走向更加美好的前程呢？

徐瑾高中毕业后，由于高考失利，她便选择了参加工作，做了一名打字员。刚开始，她觉得这份工作还算轻松，挣钱也够自己花，于是很认真地做了起来，可是渐渐地，她觉得这份工作已经不能满足自己的要求了，她不但觉得这份工作不是自己的理想，而且觉得自己从事这份工作有点大材小用。可是，要想换工作又岂是那么容易的，现在的高校毕业生那么多，而自己仅仅是高中毕业，就算能够胜任，又有哪家单位愿意给自己试用的机会呢?

徐瑾为人和善，跟同事们相处得非常好，虽然同事们的学历比她高出很多，但是他们交流起来并没有问题。尽管如此，徐瑾还是感觉到了自己与他们的差距。徐瑾是个要强的女孩，她不甘心居于人下，而且她觉得一次高考代表不了一个人的全部，人生还有许许多多的机会，她不想一辈子只做一个打字员，而无法从事自己喜爱的工作。

学历是步入职场的敲门砖，而大学里所学的专业往往也需要与从事的工作对口。徐瑾考虑再三，决定参加成人高考。于是，她从网上搜集了相关资料，买了教科书，白天工作，晚上便刻苦读书，虽然辛苦，但是她志在必得。功夫不负有心人，在历次考试中，她都取得了优异的成绩，最终实现了自己的理想，拿到了本科毕业证，并且选择了一份自己喜欢的工作。

徐瑾的经历告诉我们，任何时候都不要放弃自己，哪怕是曾经失败过，但一次失败并不代表你就真的不如别人，人各有所长，为了得到自己的理想生活，总要付出一些辛劳，在艰难的成功之路上，知识便是你的良师益友。只有不放弃学习，不鄙视知识的人，才能走向更加美好的未来。

蔡雯在大一的时候就恋爱了，男朋友不但长得英俊，有才华，而且家世非常好。处于热恋中的他常常对蔡雯说，将来一定不会让她吃苦，让她做全职太太，只要给他生个孩子就够了。一开始，蔡雯还觉得女人应该有自己的工作会比较好，但是渐渐地，看到男朋友对自己用情颇深，心想，既然他家那么有钱，将来也不缺我挣的那点钱了，而我有了个这么幸福的家庭，何不好好享受呢?

自从有了这样的想法之后，蔡雯整个人都变了，她对于书本不屑

一顾，每天只会打扮自己，全然忘记自己还是一个学生，结果，导致考试多门挂科。她不但没有警醒，还觉得自己前途无忧，就算学好了将来也没什么用处，于是就任由自己怠惰。最开始的时候，男朋友还以为她只是没有复习好，可是慢慢地，他发现蔡雯的心态已经变了，她的学业早已荒废，她已将全部的希冀寄托在了自己身上，因此对自己看得特别紧。最后，她的男朋友不堪重负，还是选择了分手。

女人，不要把希望寄托在任何人身上，只有自己才是最可靠的。要想获得别人的欣赏，就需要用知识来完善自己。任何时候都不要放弃对知识的积累，当你满腹才学的时候，你会因为自信而散发出迷人的魅力；当你遇到问题的时候，你可以运用自己的知识来解决。知识不但可以充实一个女人的内心世界，更能够让一个女人焕发出青春的活力。脑袋空空的女人不会有什么气质，更不会有什么内涵。趁着年轻，多积累点知识吧，相信这对你的人生、对你的未来都是非常有意义的。

# 有终生学习理念的女人最成功

知识不是静止的，随着社会的进步，先进科技成果的涌现，知识也步入了多元化的时代，而有意义的书籍也越来越多。因此，企图在学有所成之后，从此一劳永逸的想法是不现实的。学无止境，活到老学到老的女人才会魅力不减，风华永存。“好好学习，天天向上”这句话说来容易，可是真做起来，却有很大的难度。每天进步一点点，量的积累便能达到质的飞跃，只要有终生学习的信念，并付诸行动，就一定能获得进步。

所谓的成功女人，并不一定非要在某个高端领域轰轰烈烈地独领风骚，将一个家庭经营好是一种成功，把本职工作做好也是一种成功，做自己喜欢的事情是成功，得到别人的欣赏也是成功。要获得这些成功，就必须有涵养、有知识，只有那些真正热爱学习的人才能感受到成功的快乐，在知识领域小富即安的人难以获得大的进步，而一个积极上进的女人，一定会谦和、温顺、谦虚、谨慎，也唯有如此才能有更大的把握走向成功。

很多女人经过自己的一番拼搏，事业走向巅峰之后，从此就会趋于平淡，甚至一蹶不振，这往往跟女人成功之后的状态有关。有的人以为自己登峰造极，便不思进取、故步自封，结果常常会错过很多很好的机会；有的人则自我满足，不思进取，最终难以将事业的辉煌

维持下去；只有那些坚持学习追求进步的人，才能站得更高，看得更远。

柴莉是一位初中语文老师，学校在一个小县城，这里有些闭塞，教师们都是按照非常传统的模式上课——老师在讲台上授课，学生们端坐在课桌前听讲。然而，这样的模式难免让学生们觉得枯燥，他们常常在上课时开小差，而且成绩很不理想。

柴莉想改变现状，虽然自己做了几年老师，对课文内容都已经是滚瓜烂熟，可是要推陈出新，用一种新的模式去将知识传授给同学们，这的确还有点困难。柴莉一边了解同学们的性格，一边买了一些关于创新授课的书籍，并且从网上了解了一些其他学校老师授课的方法，经过一番总结，她在以后的课程中增加了趣味性和互动性的环节，这种寓教于乐的方式很见成效，同学们上课不再分神，而且积极配合老师的教学，大家在无形中学到了知识，而且掌握得很牢固。

在期末考试中，柴莉所教的班级语文科目平均分全校第一，校长也决定将她这种寓教于乐的授课方式在全校推广。

柴莉没有满足于当老师的现状，而是在工作中追求更高质高效的教学，她积极学习，勇于登攀，功夫不负有心人，她终于取得了良好的成绩；假如她满足现状，不思进取，就不会获得今日成功的喜悦。

有终生学习理念的女人，她们像是海绵吸水一般渴求知识，敢于创新，在自己的精神领域不断取得新的成绩。她们并非学富五车，但是她们也不会因为知识浅陋而贻笑大方；她们也许不是高端人才，但她们一样可以成为行业精英。她们奋发向上的精神永不磨灭，她们时时刻刻地激励着自己，并能看到自己存在的不足，她们永远不会放弃学习，不但让自己的学识有所长进，就连气质也会有所提升。

无论是“干得好”还是“嫁得好”，随着时间的推移，女人的青春都会渐渐流逝，而内在的修养和知识的储备作为女人的主要魅力点便会凸显出来，处于这个时期的女人，气质与内在的重要性便会不言而喻。而如何继续增强这种气质，其中一项就是需要有持之以恒的学习精神，不断充实思想和知识，以便为下一次所要进行的竞争做好充分的准备。

真正的成功者有一个特点，即不断地攀爬一个又一个的高峰，因为大部分成功往往是暂时的，创业不易，守业更难，此时，能够保持不断进取的心态是非常重要的。人的一生要应对一个又一个的挑战，无论这挑战是大是小，都需要我们不断学习，进一步提升自己的知识水平，才能解决遇到的所有问题。

这个世界上从来就不存在一劳永逸的事情，一个女人要想在家庭和事业中巩固并保持自己的优势，就必须不断地学习，将终生学习的理念注入自己的思想中。有终生学习的理念不但可以让女人永远保持生命的活力，也能促进女人的事业进一步发展。取得一时的成功固然值得庆幸，比这更重要的是你要永远保持一份追求成功的心态和为走向成功而不断进取的行动！

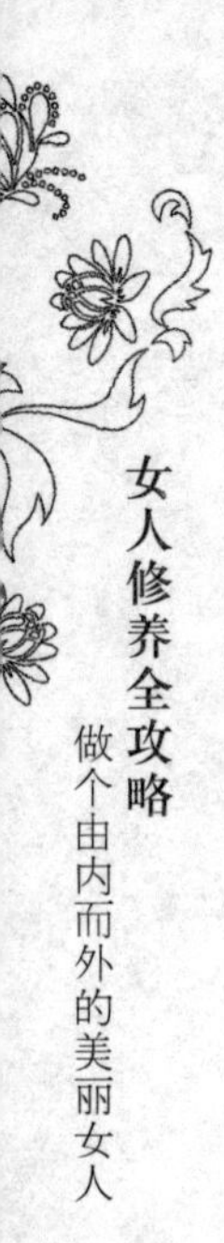



# 时刻提醒自己给大脑充电

知识是无穷无尽的，在学校里考试得了满分，不代表这一科目的知识你已经完全掌握了；在某个行业你已经掌握了最先进的技术，并不代表你就不需要长进了。闭门造车的人总是难以成功，故步自封的人也难以成就大事，只有随时开阔自己的视野，学习未知知识的人才能站得更高，看得更远。

作为女人，时刻提醒自己给大脑充电显得尤为重要。女人被欣赏，往往不只是因为面容姣好、身材窈窕、衣着华丽，那些谈吐优雅、知识丰富、博古通今的女人更让人心生敬意，那些曾经饱览群书然后就自以为是的女人只会被人所轻视。

时刻提醒自己给大脑充电的女人，善于用发展的眼光看问题，对于知识永远不会“小富即安”，她们谦虚好学，追求上进，她们会展示出更多女性的魅力，正如有人说的，一个有修养的女人在学习的时候往往更加迷人。

女人的事业进取心是让人欣赏的，这里有一个前提条件，就是要提醒自己不断地学习。我们处在一个知识爆炸的时代，对于好学的女人来说，知识越多，思想也就越丰富，而生活也会变得更加充实，不再那么单调乏味。所以，平时多给自己一些学习的机会，无论做什么事情，只要你善于发现，就能学习到有用的知识。细心是大部分女人的特点之一，发挥这个特点，生活中无处不在的学习机会就变得处处可见。要提醒自己，不能过度沉迷在安稳舒适的环境中，而应随时给自己的大脑充电。

乔昕在大学期间，连续四年都是特等奖学金的获得者，因为成绩优异，大学尚未毕业她就签约了一家公司。鉴于乔昕在大学期间的组织能力，公司给她安排了一个部门主管的职务，大学一毕业，乔昕就走马上任。同学们都非常羡慕她，似乎她的人生一直都走在顺境中，有出色的容貌，优异的成绩，在学校里是老师的宠儿、同学们的偶像，就连步入社会，也比别人的起点高。大家想，她一定会前程似锦，不出几年，就能走向事业的巅峰。

在5年之后的同学聚会上，大家都来了，只差乔昕一人，大家都猜测今日的她将会何等风光，至少应该是风姿绰约不减当年，事业更是如火如荼。然而，当乔昕来的时候，大家却有些失望。在交谈中，同学们了解到，这5年乔昕一直担任部门主管，而她们办公室的工作内容都相当简单，她的职务也不过是带一些新来的人。

对于5年之内工作毫无进展的状况，乔昕自己做出了分析，不是公司没给机会，而是自己放弃了学习。公司的任何职位都是由能者居之，而她大学毕业后就获得了部门主管的职位，不但满足，而且骄傲，以为自己已经很厉害了，几乎很少去读一些相关的书籍，甚至连公司培训的机会她都不看在眼里，这样的状态让她的发展处于停滞状态。然而，江山代有才人出，每年新来的员工不但见多识广，而且富有远见卓识，乔昕在激烈的竞争中更是难以脱颖而出。当她意识到这个问题后，便对自己的工作做出了系统的安排，经过一番努力，才保住了部门主管这个位置。

由此可见，一时的优秀不代表永远的突出，自己停滞在原地不动，就无法赶超别人，更不可能适应竞争激烈的新时代，从某种意义上说，不进步就等于落后。所以，任何时候都不能放弃学习，只有时刻提醒自己给大脑充电，才能让自己的知识更丰富、思维更活跃、认识更深刻，从而让前途更光明、人生更辉煌。

我们处在一个高速发展的经济时代，必须用发展的眼光看问题，新科技、新事物的诞生越发证明了学习的重要性。放弃学习的人不但与时代脱轨，就连在生活中也会走向孤立。只有时刻提醒自己多给大脑补充点“营养”的人，才不会被时代所淘汰，才能在人才济济的新时代找到立足点。

# 用知识武装头脑，用文采描绘人生

对一个女人来说，知识的作用是不言而喻的，用知识武装头脑的女人，不会让人觉得美得空洞。知识不但让女人的形象更加丰满，让女人更有内涵，而且拥有知识的女人更能在工作中做出令人赞赏的成绩。用知识武装头脑，用文采描绘人生，女人的一生就会更加绚烂多姿，洋溢着更多的快乐，在人生的舞台上更能秀出一道靓丽的风景。

人的一生就如同一篇美丽的文章，而这篇文章于每个人又各有不同，有的华丽美好，有的荡气回肠，有的跌宕起伏；而人生的每个阶段也各有千秋，有时像童话般美好，有时像散文般飘逸，有时像小说般曲折，虽然人的一生难以平静无波，但是用知识武装头脑，你的人生就会更充实。

在工作中，一个有知识的女人能够担负重任，不但能做好本职工作，也能有想法，有创意，为公司做出更好的业绩，这些让女人进一步认识到了知识的重要性，所以，她们不断地加强学习，与工作有关的书她们要读，能培养气质的书她们也要读。与她们交谈，你不会觉得她见识浅薄，知识浅陋，反而会被她丰富的知识所吸引。有知识的女人会更有思想，她们不会随波逐流、人云亦云，她们有自己的主心骨，她们的心态经得起洗练，她们谦虚而上进，倘若看到差距，她们便会激励自己更加发愤图强，因为她们深深懂得，用知识武装起来的

头脑才会无懈可击。

在生活中，一个有知识的女人才能更容易获得别人的喜爱，跟姐妹们一起聊天的时候，她的话题不会是打探别人的隐秘，也不会只是吃喝玩乐，她的思想会带给人新鲜感，让人感觉到与她交谈轻松愉悦；与爱人相对，她富有神韵，气质若兰，谈吐优雅，她的气质更能吸引爱人的目光。所谓相看两不厌的婚姻生活，一个能够用知识来武装头脑的女人一定能获得。

女人的文字，有的细腻，有如涓涓细流；有的豪放，有如江河入海。人的一生没有彩排，希望自己的人生成为一部什么样的书，不如趁早规划一下，朝着这个方向努力，你的人生一定会更加出彩。

曹婉的目标是做销售行业的领导人，然而，她深知，作为销售行业的领导人，就必须有丰富的销售经验，再加上一流的销售业绩，那才能真正当之无愧。于是，大学毕业后，她先到一家公司应聘了业务员的工作，这份工作比较辛苦，几天下来即使自己付出了最大的努力，也未必能够取得成效。对此曹婉并没有气馁，她每天都会总结自己失败的经验，并且设计一些新的推销模式，她将这个习惯坚持了下去，工作竟然渐渐有了起色，接下来的几个月便更加得心应手了，而且逐渐做出了成绩。

曹婉并没有就此满足，她每个周末都要去图书馆借阅图书，一些有关销售的书让她废寝忘食，她不但将书中介绍的方法引为己用，而且常常在日记中分析顾客的类型，让自己面对不同的顾客时都能因人而异地进行销售工作。随着工作经验的日益丰富，曹婉的见解也越来越深刻，公司进行总结大会时，每个员工都要讲述自己的工作心得，曹婉的心得讲得恰到好处，不但让同事们点头称是，就连领导也点头赞许。终于，领导给了曹婉一个更大的发展空间，让她担任公司的培训主任，每周都要准备几节课来讲述如何抓住销售的要领，而曹婉也不负所托，在她的指引下，公司的销售业绩再次走上了新的台阶。

每个女人的人生各不相同，但是有一点可以肯定，“女子无才便是德”已经不再适用于现代社会的女子，那些知识丰富的女人往往更能走出一个美好的未来。知识无处不在，善于发现与学习的女人才能比别人更优秀。用知识武装头脑，用文采描绘人生，女人的一生将会更加灿烂辉煌。

# 完美女人一生要读的四部书

追求时尚，追求幸福，追求完美，这是女人一生都做不完的功课，然而，这个世界上并没有什么神奇的药方可以让女人变得无可挑剔。不过女人可以通过读书的方式来丰富自己的内涵，提升自己的素质，让自己更加楚楚动人。

完美女人，顾名思义，就是一个爱惜自己、在朋友中受到欢迎、在家庭中得到珍惜、在工作上也能如鱼得水的女人。女人没有天生就是完美的，只有不断地努力，不断地提高，才能让自己日益进步。读书是女人提高自己的一个有效途径，做一个完美的女人需要读四部书：一部关于如何修饰自己的书，一部如何提升自身修养的书，一部关于女性成功案例的书，一部与美食有关的书。

**一部如何修饰自己的书**

每个女人都喜欢把自己打扮得漂漂亮亮，而大家跟一个漂亮的女人在一起也会感觉神清气爽，虽然修养的提高非常重要，但是不要因此就忽略了外貌的修饰，保持外表的美观也是对别人的尊重和重视，不修边幅的女人连自己都不在乎，又怎么会在乎别人呢？更何况，女人的外在形象留给别人的第一印象往往也是非常重要的。

通过阅读与美容等有关的书，你会学会分析自己的脸型、肤质、性格等，从而选择出最适合自己的护肤品、化妆品、发型、衣着。试想，一个女人外貌美丽、衣着得体，一定会给人良好的第一印象，又有谁会对她产生抵触情绪呢？也许你已经很漂亮，而参照书上的一些内容则会让你的美锦上添花。乐于修饰自己的女人，不但会拥有越来越美丽的外表，还会因外表的美丽而让自己拥有更多的自信。

**一部如何提高自身修养的书**

每个人对于如何提高自己的修养都会有不同的见解，尤其是现在这个时代，女人们的自我审美已经不仅仅停留在外貌上，内外兼修更是她们追求的目标。我们歌颂善良、诚信、礼貌、单纯、坚强等良好的品质，赞美具有这些品质的女人，欣赏有这些追求的女人，那么，该如何做才能提高自己的修养呢？

其实，这并没有一个标准的答案，却可以有很好的参考。当一个女人有心提升自己素质的时候，一定会时时处处注意自己的形象。不妨翻阅一下关于提高自身修养的书，当你看到作者那飘逸的文笔、细腻的梳理，也许就会恍然大悟，有些事情看似微小，并且充溢在生活中显眼的地方，可是，你却可能因为司空见惯而视而不见。在提高自身修养方面，往往是仁者见仁、智者见智，而吸收别人的意见，则更有利于自身素质的提高。

**一部关于女性成功案例的书**

当今时代，女人已经不甘于做一个家庭主妇，反而更愿意在工作的大舞台上一展风采。她们自强不息，勇于攀登，不断提高自己的专业知识，研究市场、把握机遇，在职场叱咤风云，她们把追求成功作

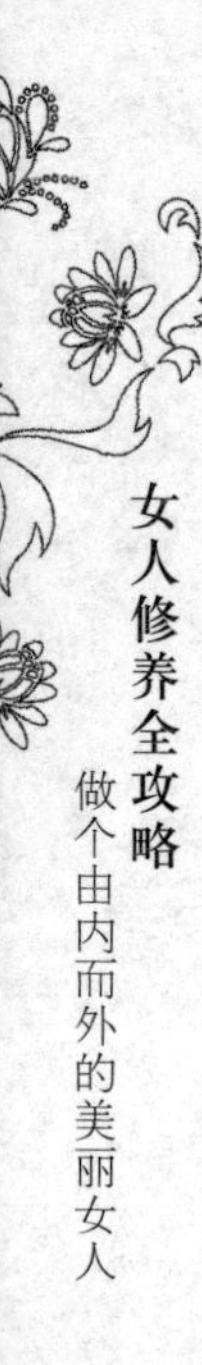



为自己的目标，希望能够闯出一番事业，实现自己的理想。

对于任何事情，实例往往是最好的参考，当今社会给女性提供了一个展示自我才华的大舞台，有很多女人也是巾帼不让须眉，在很多领域独领风骚。她们所付出的艰辛或许别人看不到，可是她们所获得的荣誉却是人尽皆知，而很多著作也介绍了她们的生平事迹。这些人物是在成功路上摸索的女士们的极好参考，想要成功的女人们不妨去阅读一本关于这些女性走上成功之路的书，看她们如何提升自己，如何运用智慧走出自己的一片天空。

**一部跟美食有关的书**

中国民间有句俗话叫做“吃得好，睡得香”，千万不要对这话抱有成见，它并不是鼓励大家做贪吃贪喝之辈。饮食是身体健康的重要一环，确实应该重视，而对于女人，饮食尤为重要。

首先，对自身来说，女性的身体本就相对脆弱些，如果在饮食方面稍加注意，合理搭配食谱，补充体内所需元素，将会对女性身体有极大的帮助。饮食好，睡眠好，从而使得整个人随时都能春风满面、精神百倍，在工作时也将会更加集中注意力，更容易做出成绩了。

其次，从家庭角度来说，一个女人为家人做出一桌可口的饭菜更是理所应当。作为子女，为父母做一顿美味佳肴，父母一定会很开心；作为妻子，为丈夫做一道他喜欢的菜，丈夫一定也会心情愉悦；而作为母亲，为孩子做出美味的饭菜，更是母爱的一种表达。因此，阅读一本和美食有关的书籍，对女人来说确实很有必要。

我们时常听说一句称赞女人的话，叫做“上得厅堂，下得厨房”。女人修饰自己，提高外在美，让自己上得厅堂的同时也学会下厨，那么，你将会变得更加完美。

## 修炼女人味，女人特有的妩媚由此而生

每个女人都爱追求美，不但追求外表的美丽、服饰的协调、姿态的优美，也追求内涵的丰富、修养的提高和知识的渊博，而富有女人味也是女人们的一项追求。女人味最能展现女人柔情的一面，修炼女人味，可以让女人更加妩媚多姿，光彩照人。

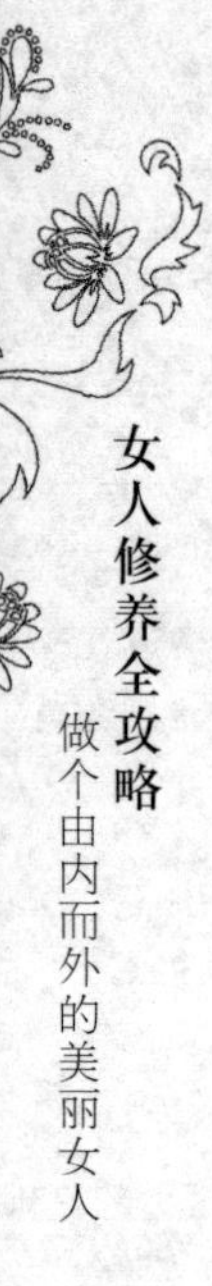



# 妩媚风情，最能俘获男人心

妩媚风情的女人，举手投足间袅袅婷婷，一笑一颦中风情万种，谈笑风生时优雅动人；婀娜多姿的女人让人顾盼生怜，端庄妩媚的女人让人倍感流连。女人的妩媚是一种俏丽，一种恬美，一种个性，一种底蕴，是女人味的表现，也是女性美的体现。女人如水般明净，水的流动便是女人的灵动，而妩媚的女人则更能让人怜惜。泼辣的女人难以让人与之共处，风风火火的女人也难以表现出自己富有女人味的一面，而妩媚的女人更有女人味，她们将女性的柔美表达得淋漓尽致，也就更能够获得异性的青睐。

具有妩媚风情的女人，不但能获得男人的好感，更懂得如何为爱情保鲜，让自己的护花使者永远爱护这朵永不凋零的花。随着时代的变迁，越来越多元化的美女涌现出来，无需计较谁比谁更美，抓住自己的生活，让自己活得精彩的女人才是最成功的。知性的智慧女人让人爱慕，而同时具备妩媚风情的女人，则更能拴住男人的心。

戴玲的老公丁刚是典型的“经济适用男”，人长得帅，事业有成，好多美女都渴望嫁给他，可是他却偏偏对戴玲情有独钟，经过一番穷追猛打之后，终于将戴玲娶回了家。

丁刚与戴玲是在生意场上认识的。两个人洽谈一笔业务的时候，丁刚发现戴玲雷厉风行，言辞铿锵有力，典型的职场领导人风格。虽然丁刚也在寻求一个能够与自己共度一生的女人，但是他却首先把戴玲给否定了，因为他并不想娶一个风格硬朗的女人回家。在工作时，严肃的环境已经让他压力很大了，倘若回家后还不能换一种心情，那他将会感觉非常压抑。

有一天，丁刚去咖啡厅的时候，发现戴玲也在，于是两个人坐在一起聊了起来。此时的戴玲，已经没有工作时那么严肃，在这里，可以看到她笑靥如花，可以听到她朗朗的笑声，她身上所散发出是的女性的柔美，她眼若含波，眉宇间显露出女人的风情万种。马上，丁刚就开始重新审视起了戴玲。尽管两个人曾经在谈判桌上交锋，但是现在，戴玲却完全没有带给丁刚压抑的感觉，此时的她已经回归本性。一个能在工作之后便抽身出来的女人是难得的，她懂得生活，热爱生活，更不会将疲累的状态展现给身边的人。丁刚和戴玲聊得也是相当投机，他们都追求在工作之余给自己一点放松的空间，经过一段时间的磨合，终于，两个所见略同的人结为连理。

婚后的戴玲依然保持着女人的风情万种。每到周末，她常常会在家设宴，而她与丁刚则像是约会一般，享受晚宴带给她们的乐趣。在这时，戴玲再也不需要像工作场合上那样穿得那么严谨，而是穿着合身的衣服，突显出自己的妖娆妩媚，将自己的女人味表现得淋漓尽致。这让丁刚与她在一起的时候，既能感觉到身心放松，又仿佛来到了人间仙境。戴玲用自己的智慧与妩媚抓住了丁刚的心，让他能够心无旁骛，专心爱护自己，两个人的家庭生活十分幸福美满。

每个女人都渴望找到心仪的王子，有个幸福的家庭，然而，家庭的幸福不是只靠对方的努力，自己也要为这个家庭贡献一份力量。善解人意的女人懂得如何为爱人排忧解难，而风情万种的女人懂得如

何让爱人留恋自己。成熟而富有风韵的女人更会懂得如何照顾一个家庭，如何让男人进取而不颓废，恋家而更体贴。妩媚是女人的一张王牌，妩媚的女人如一朵娇羞的花朵，花香扑鼻而美丽动人，不管她们是处于动态还是静态之中，都能散发出一股迷人的魅力，让人徘徊留恋。

将爱人的心留住，不是靠将他束之高阁，不是靠时刻监视查岗，而是让他的心永远在你这里，无暇去欣赏别人。一个有品行、有修养、有知识的女人能够获得男人的尊重与欣赏，一个具有妩媚风情的女人则更能够获得男人的宠爱与怜惜。妩媚风情是一个女人更富有女人味的体现，更是俘获男人心的有力武器。

# 温柔娇羞，最是令人难忘怀

“最是那一低头的温柔，像一朵水莲花不胜凉风的娇羞，道一声珍重，道一声珍重，那一声珍重里有蜜甜的忧愁。”徐志摩的一首诗，道出了温柔的女性美。温柔的女人，她不会脾气暴戾，虽然说起话来未必是柔声细气，但是语气平和，让人倍感舒适。温柔的女人总是善解人意，她用心倾听你的话语，而她的细语更是真情的流露。

娇羞的女性更是带着几分“犹抱琵琶半遮面”的迷人，让人难以忘怀，也许在工作的时候，她们爱岗敬业十分投入，然而，在生活中，她们却是至情至性，虽然不会去刻意显山露水，但是她们却像一幅泼墨画一般耐人寻味。娇羞十足的女人，那含蓄的风格让她更具女人味，更让人喜爱。

**温柔的女人更受人欢迎**

温柔的女人，声音温和，气质柔美，一个女人即使没有天生丽质的容貌，可是，她温柔贤淑，往往就能获得良好的人缘。没有人喜欢跟一个性情暴戾、心胸狭窄的女人共事，也不会有人欣赏一个动不动就发脾气的女人，暴烈的性格是女人的致命伤；相反，那些温柔的女性，她们的谦和掩盖了许多缺点，让自己有了更多的时间去提高自己，而不至于过早被别人否定，以柔克刚是不无道理的。

一家大型超市招聘服务台人员，主要负责接受顾客投诉。虽然偶尔有些顾客会发表一些赞赏的言辞，可是大部分人都是风风火火而来，满脸怒气，不是责怪销售人员服务态度不好，就是埋怨超市的产品有什么问题。面对这样的顾客，有的人往往会失去方寸，然而，程晓曼却一边记录着顾客反映的内容，一边向他们赔礼道歉，虽然有的顾客反映的问题并不成立，但是程晓曼明白，倾诉也是宣泄的一种方式，等他们把话说话，她再向顾客做出解释，这样顾客就不会跟她发生激烈的冲突。

试用期结束后，程晓曼顺利上岗，想想这个月以来的经历，她的确深有感触。一开始，她的确觉得有些委屈，在家里，父母一向对自己呵护有加；在学校，跟同学们相处得也算融洽；可是现在，一上班就看到别人的苦瓜脸，她感觉很不舒服。但是，渐渐地，她改变了想法，当她听着顾客的倾诉，温和地向他们解释的时候，很多人的脸上露出了满意的笑容，此时的程晓曼竟然有了些许的成就感。

温暖的笑容加上简短的几句话，就能让一个人的情绪发生如此大的改变，不得不说，有时候以柔克刚的确是行之有效的方法。

### 娇羞的女人更让人生怜

说到女人，人们往往会想到美女、才女等形容女子类型的词，也会想到温柔、体贴、高贵等，而娇羞的女人，更是自古至今都受人们赞誉的。娇羞的女人往往柔而不弱，她们含蓄而内敛，秀外而慧中，她们如一朵含苞欲放的花蕾一般，让人心向往之，她们不会自吹自擂，然而，却往往更富有内涵，吸引着人们的目光。

娇羞的女人更容易获得爱情之宠，男人往往会有一种保护欲，而娇羞的女人便是他们保护的对象。眉目间脉脉含情，笑容里饱含温馨，娇羞的女人有一种别样的美丽，她们更懂得释放情怀，获得别人的青睐。娇羞的女人如同含羞草一般，总是带给人神秘的感觉，而她那浅浅一笑，又让人更加难以忘怀。

有一对双胞胎，两个人长相差别细微，除了父母，几乎没有人能够辨识出来。她们生得同样美丽，然而有一个男子，却独独喜欢双胞胎中的妹妹，姐妹两个便给他出了个难题，让他猜谁是姐姐、谁是妹妹。不管她们如何装束，如何打扮，如何掩饰脸上那点细微的差别，这个男子都从来没有猜错过。大家都觉得他一定对这位妹妹用情至深，所以已经跟她心有灵犀，而他自己则很清楚，姐姐性格开朗大方，属于刚强的性格；而妹妹则娇羞含蓄，楚楚动人，让他看一眼就能够记住了，哪怕是和长相酷似的姐姐站在一起，他一样能够辨识得出。

娇羞的女人轻而易举就能激起男人保护的欲望，她们神秘、恬静，充满了对美好生活的向往，她们含蓄而不做作，妩媚动人，让人难以忘怀。一个有志于修炼女人味的女人，千万不要忘记了温柔娇羞本是女人的特质，因为它将会给你带来意想不到的收获。

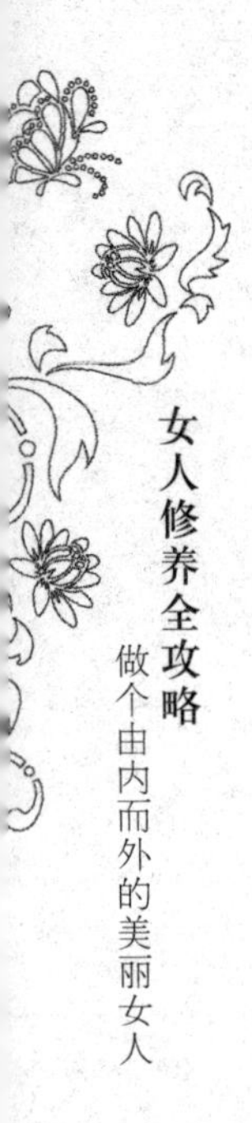



# 刚柔相济的女人最动人

我们欣赏坚强的女人，坚强的女人有着不屈不挠的毅力，有着百折不断的韧性，在暴风雨来临的时候，她们不会畏畏缩缩，更不会退却，她们以果敢与坚毅来面对困难，并以执著与刚强取胜。我们也赞美温柔的女人，她们心思细腻，性格乖巧，总是能够平心静气面对生活中的一切，她们知性而体贴，不会像苍蝇一般惹人烦恶，而是用自己的胸襟与爱心，包容身边的人和事，她们不急不躁而明辨是非，能够展现出自己最柔和的一面。

无论刚强与温柔，都能展现出女人独特的魅力，而刚柔相济的女人，既能够勇敢地面对生活中的困难，具有超强的意志力，又能散发出温柔的性情，让人为之心动。她们时为百炼钢，时为绕指柔，却并非变幻不定让人难以捉摸，而是最能体现自己的真性情，这样的女人最是妩媚动人。

刚与柔，相辅相成，缺一不可，当它们在女人的身上完美结合的时候，更能够体现出一个女人的美丽来。只有刚强而没有柔韧，那么刚者易折，不懂得能屈能伸，往往与成功差一步之遥；而只懂得柔情却毫无刚毅的女人，就如攀附于大树的藤蔓植物，没有自己的主心骨，也难以让人留恋徘徊。只有刚柔相济的女人，既能体现出女人刚强的一面，又有女性特有的柔和，这样的女人往往更能自如地穿梭于职场与家庭，在自己编织的温馨范围内幸福地生活。

余芳深得领导的器重与丈夫的宠爱，但是，她在领导和丈夫面前却有着截然不同的风格，她具有刚与柔的两面性，又恰到好处地将自己的两面性表现得很到位。在职场上，余芳雷厉风行，做事利索，毫不拖沓，任何事情都井井有条，她的工作具有系统性、计划性，对工作一丝不苟的她很快便有了升职的机会，她便更加努力地学习相关知识，充实自己，全面提高自己的能力，尽管压力很大，但是，她却不屈不挠，表现出了一个女人少有的坚强，追求上进的她在工作上从来都没有松懈过。领导当然欣赏能干的员工了，余芳的坚强刚毅让领导坚信她能担当重任，于是给她提供机会，参加培训，提升技能，让她尽情发挥自己的才能。同事们也都觉得这个女人不简单，有着巾帼不让须眉的精神，而余芳也在公司提供的平台上一展身手，为公司创造了良好的绩效。

回到家中，余芳却只是一个小女人，即使工作再忙碌，此时，职场的一切都与她无关，而她也跟变了一个人似的，不再那么严肃，而是变得无比亲和。丈夫回来，她温和地问候，为他递上一杯热水，全然不是单位小领导的姿态。她围上围裙，亲自下厨，可口的饭菜都能让她满脸笑容，此时的她陶醉在家庭的温馨中，享受着亲情与爱情带给她的幸福感，也尽情地展示着一个女人的柔美。在丈夫的眼中，她是一个善解人意、温柔体贴的好妻子，小鸟依人，让人心醉。

倘若余芳只是一个女强人，而全无小女人的柔情，那么回到家中，她依然保持着工作时候的严肃，在丈夫的面前，也许她满脑子想的只是如何提升工作效率，与丈夫说话也会心不在焉，更不懂得如何去关心别人，等到这个家无法带给丈夫温馨的时候，试问他们的爱情

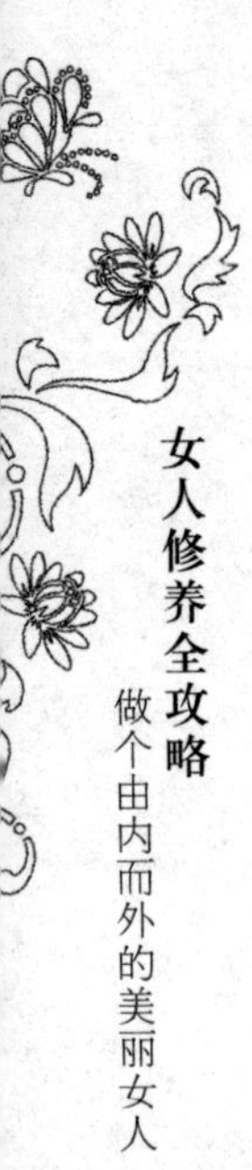


又该如何保鲜？而假设余芳将在家中的那份柔情带进工作中，没有了刚毅执著的工作精神，没有了雷厉风行的品格，那么又如何这么快地取得好成绩，在公司提供的平台上大展身手？

女人是上帝创造的一件艺术品，然而，上帝造女人的时候，却没有让她完美，而是让女人自己来不断地完善。所以，她们将自己打扮得漂漂亮亮，女人喜欢穿好看的衣服，喜欢优雅的姿态，也喜欢一切与美有关的东西，而女人的品质更让人欣赏，善良、大方、刚毅等体现在女性身上更是有一种别样的美。

刚强的女人让人敬佩，而温柔的女人也让人爱慕，二者的完美结合便是刚柔相济。刚强的女人有着乘风破浪的果敢，有着勇往直前的执著，而温柔的女人懂得用微笑去化解矛盾，用平静去感染他人，刚柔相济的女人更善于营造和谐的气氛，创造出一份美丽的氛围，将这份快乐与充实传染给身边的人，也让自己更加幸福快乐。

# 水做的女人要用香水来识别

具备才、胆、识的女人，她们富有内涵，见识广博，有着巾帼不让须眉的魄力与刚劲；而符合香、雅、净标准的女人，则给人清新怡人的感觉，她们富有女人味，如玉如画，回味悠长；而具有娇、柔、美特质的女子，她们不见得一定是个小女人，但是某些程度上的娇羞则更容易激起男人的保护欲，在家庭中也常常会得到宠爱。每个女人都是限量版的珍品，她们时时刻刻都在完善着自己，而这诸多方面中，“香”便是一个非常重要的方面。

自古以来，女人除了追求贤良淑德，也追求香艳，她们会采用各种方式让自己散发出怡人的香味，怡人悦己。而现代社会，女人的追求丰富了许多，但是，对于“香”的追求依然不减从前，因为这样的味道，使得女人更加富有韵味。如今，让女人更香的方式增多了，香水、香薰等，而香水更是精巧便携，是选择性较强的一项。

每个女人都有着各自不同的情怀，或豪情满怀，或多愁善感，或清纯可人，或坚强不屈，而不同味道的香水便是各种情怀的表达。处于与自己和谐的味道当中，你才会感觉神清气爽，而你的个性，是娇羞，是灵动，是清纯，是坚强，都能随着香水味道的飘逸让别人感受得到。

李雄在一个小城市长大，大学毕业后便来到了一个大城市发展，

经过几年的打拼，已经小有成就。尽管事业有成，他却常常感怀不已，这些年一人在外，虽然表面风光，可是个中酸甜只有自己知道，他时常想起母亲，母亲是一个非常贤淑的女人，她总是那么温和，脸上总是挂着可亲的笑容，她关怀自己，却又不啰唆，她总是鼓舞着李雄，让他不轻言放弃，正是因为母亲的支持与鼓励，他才有了坚定不移的信念，才能获得今日的成功。如今，若不是母亲依恋故土，不喜异地，李雄早就把她接到身边来了。

母亲对花粉过敏，每当闻到花粉的味道，总是喷嚏连连，却唯独对茉莉情有独钟，茉莉的清香恬美，不但没给母亲带来任何的不良反应，而且那独有的香味让母亲十分享受。李雄曾经送给母亲一瓶茉莉香水，母亲喜欢不已，于是，李雄常常也会储备一瓶茉莉香水，闻到它的味道，就仿佛又见到了母亲。

盈盈是李雄公司新来的职员，刚刚大学毕业的她还是信心满怀，投入工作的新鲜感让她每天都表现出最佳的精神状态，而她也非常喜欢喷茉莉香水，那种清新的味道让她精神百倍。而李雄第一次注意到盈盈，正是这种味道吸引了他。之后，李雄对盈盈格外关注，他发现盈盈性情温柔而工作认真，心地单纯而乐于进取，她在公司中逐渐脱颖而出。此时的李雄也开始向盈盈示好，经过一段时间的交往，两人情投意合，彼此关怀，最终喜结连理。

获得爱情果实的盈盈问李雄：“和我同时应聘到公司的女孩那么多，比我漂亮比我能干而且单身的女孩也不是没有，为什么你偏偏选中了我？”

“因为你的身上有我母亲的味道。”李雄回答道，“你的单纯性格与温柔性情都让我喜欢，而我们也同样深爱着茉莉香。”

女人身上带着与生俱来的体香，而香水则让女人的香气玲珑得到全面的释放。用香水来装饰自己的“味道”，会让自己更有女人味，而喜欢香水的女人，往往也会更加精致。选择一款合适的香水，既能让自己的性格得到凸显，又能让香水增加自己的美感。善于使用香水，不但让你的形象更加完美，而且也可能会使你得到意外的收获。

女人的美，既有内在，也有外在，既有视觉上的舒适感，也有嗅觉上的愉悦感。女人是水做的，通透明亮，清纯可人，同时水也具备包容性，能将各种味道溶解其中。当一个女人身上带有让人身心愉悦的香味时，她总能更加吸引他人的注意。香水的不同类型是女人不同个性的展现，也是一个女人美丽的延伸。当你化完妆的时候，不要忘了往身上喷洒适量的香水，当你眉目流转、步态轻盈时候，有修养、有内涵已让你趋于完美，再加上一款香水的修饰，你将会更加楚楚动人。

# 浪漫，女人味的绝佳演绎

儿时的我们，曾经生活在童话的世界里，对一切美好的事物充满着幻想，当我们长大后，对美好事物的追求已经不再仅仅限于想象，而是发挥自己所长，把理想变为现实。在这个过程中，女性们表现出的坚毅、果敢、柔情、大方等良好的品质无不为人所称赞，而在任何一个过程中，都不要忽略了浪漫这个重要环节。懂得浪漫的女人更懂得如何让生活更加丰富多彩，如何为爱情保鲜，如何让婚姻充满阳光。浪漫的女人富有内涵，富有底蕴，而浪漫更是女人味的绝佳演绎。

渴望浪漫的人是懂得欣赏美丽和惊喜的，善于制造浪漫气氛的女人也是懂得发现美，并善于创造美的。浪漫是一种由里而外的气质，因为它不像学舌一般可以生搬硬套，发自内心的对美的渴望，对温馨、悠扬的深深感触，才能培养出一个懂得浪漫的女人。一个合适的场景，恰当的动作，一个眼神，一个拥抱，一个吻，一句话，便能让对方动容，并留下深刻的感触。这一切都需要女人有着良好的发现美、创造美，以及对生活充满热爱的内涵和修养。浪漫的女人是美丽的，是一段美好时光的凝固，让人久久无法释怀。

牟莎23岁大学毕业，步入职场后，她努力工作，提高自身素质，积极参加各种培训，不久后就得到了升职，此时的她对工作充满了热情，经过两三年的打拼后，牟莎已经成为公司的经理，可是升职后的她却不再像以前那么快乐了。她开始感觉到工作枯燥，而且作为新时代的白领丽人，面对激烈的行业竞争，她也感受到了极大的压力，于是，她开始尝试着采用各种方式放松自己。

很多人看到牟莎在这个年龄段就取得了良好的成绩，都羡慕不已，而此时的她也步入了婚姻的殿堂。在爱情的启发下，牟莎发觉，自己以前的精力全部用在了工作上，现在，她才发现适当地放松自己对于一个人精神状态的提升有很大的帮助，而且丈夫是一个非常浪漫的人，懂得享受生活，享受自然的美好，牟莎便试着将丈夫的优点学为己用。

转眼间已经结婚几年了，牟莎是一个职业女性，已经面临着很大的压力，而她又是领导，所以生活节奏就更加紧凑了，常常要将大量的精力放在工作上，但是她并没有因此而忽略家庭，她不但在事业上得到了丈夫的支持，而且在家中她也扮演着一位好妻子、好母亲的角色。

牟莎的丈夫是一个职业作家，以写小说为乐，而妻子也为他带来不少的灵感。不管工作有多忙，牟莎回到家后，总是将工作置于身后，将精力全部用于家庭之中。两个人常常一起下厨房，就如刚刚恋爱的时候一般，有时候，两个人还会一起约会，一起去喝咖啡；每个月，牟莎总会跟丈夫一起出去游玩一次，这不但激发了丈夫的灵感，也让两个人更加亲昵；而每到两个人的结婚纪念日，牟莎便会先将公司的事情提前安排好，跟丈夫一起庆祝，或者是去他们度蜜月的地方回味从前的日子。尽管她是个职场女性，但她更清楚自己首先是一个女性，除了工作还有自己的生活空间，在生活中多享受一下浪漫，感

受一下自然的情怀，对身心都极其有利。

浪漫，既是少女羞涩情怀的表达，也是一个成熟女人所拥有的别样风情。在一个风景宜人的公园散步是浪漫，参加舞会也是浪漫，将自己打扮成公主是浪漫，与爱人共进晚餐也是浪漫。浪漫更是一种心境，只要拥有这种心境，在生活中就不会只看到繁杂，而是看到春意盎然，看到百花齐放，看到生机勃勃。将自己置身于浪漫的氛围中，摆脱工作时的压力，摆脱生活中的压抑，感受一分和谐，一分轻松，让情怀得到释放，也让快乐程度得到提升。

每个女人都渴望浪漫，渴望浪漫的爱情，渴望浪漫的人生。一个追求浪漫的女人，更应该首先让自己浪漫起来。提升自己的品位，提高自己的素养，无不为浪漫添彩。浪漫是生活的调味剂，它使得生活不再单调乏味，让女人的人生充满靓丽的色彩，使得情人之间更加亲密，爱情更加美满。

# 微笑，一缕沁人心脾的和风

“请把我的歌，带回你的家，请把你的微笑留下。”儿时，我们唱着这首歌，那旋律让人回味无穷。微笑是人类最美的语言，它在全世界都通用。蒙娜丽莎的微笑之所以流芳百世，就是因为她将这种语言表达得至善至美。

善意的微笑是美丽的，纯真的微笑是可爱的，会心的微笑是动人的，一个人最可亲最好看的时刻便是嘴角微微上扬的那一刹那。微笑是内心世界的写照，当一个女人将笑容洋溢在脸上的时候，她的美无可言喻；微笑的美容效果更是无所能及的，倘若一个女人穿着时髦、长相出众，却总是板起一副面孔，让人不敢靠近，那么，她的美便减少了很多；而一个女人即使长相一般，却能至情微笑，那么，你会觉得她美丽大方，楚楚动人。

段森进入大学之后，开始变得自卑起来，同学们来自五湖四海，各有各的风格，有的时尚，有的聪明，有的机灵，有的多才多艺……段森不禁有些自惭形秽，她长得并不好看，就是因为这样，她才努力学习，用优异的成绩弥补自己的不足，尽管没有人对她的长相指指点点，可是，她一看到别人俏丽的样子，就觉得自己太难看，虽然她也学着化妆，却总觉得无法掩饰自己面貌上的不足。

暑假回家，看到段森闷闷不乐的样子，妈妈问她：“大学生活既

轻松，又有时间去参加一些活动，应该是既充实又快乐的，你怎么还会不高兴呢？”

段森把心事告诉了妈妈，妈妈告诉她：“没有倾国倾城的容貌，那就做一个气质美女；不能多才多艺，那就做一个心地善良的女孩。只要你时刻保持微笑，多做一些有意义的事情，你就会渐渐漂亮起来的。”

虽然段森对妈妈的话半信半疑，但是她还是照做了。见了同学，她不再像以前那样故意躲开，而是满脸微笑着跟大家打招呼；每当学校组织爱心活动，她总是第一个报名参加。渐渐地，段森发现大家似乎很喜欢自己。她想，难道是自己的审美观有问题？然而，当她再站在镜子面前认真审视自己的时候，发现自己的确漂亮了许多。她不禁重新想起了妈妈的话，她终于明白，一个人越是压抑自己，就越容易让自己憔悴，相反，时刻将微笑挂在脸上的人，将自己带入了一个美好的精神境界，又怎么会不漂亮呢？

细心的人会发现，一般商场或者店面的服务员胸前都会带着一块黄颜色的圆形小牌子，上面画着一个笑脸，甚是可喜可爱。人们也常常说“笑口常开”“笑一笑十年少”的祝福语。笑是一种有氧活动，对人的身体有一定的益处，也能健康身心，何乐而不为。对于女人的日常生活而言，有一个好的心情是最为重要的。形容女人愁眉苦脸的形容词不是没有，可那并不是大多数女人们希望得到的评价。

对于现代社会中的女性，了解人与人之间的良好互动成为一堂重要的必修课，而人际交往和日常生活中一个人与人照面后留下的良好第一印象里，微笑就是其中极其重要的一个因素。人们需要一个良好的环境，也需要在彼此都有着良好的情绪而组成的团体中工作、生活。没有几个人愿意看着一个天天哭丧着脸的人在身边走来走去，因为时间一长，她们身上的消极情绪会传染给自己，没有微笑的氛围是死气沉沉的。

我们的生活需要阳光，而女人可以是阳光的传递者，更可以成为阳光的发散者，其最佳的方式就是有着愉快的心情，良好的心态。在繁忙劳累的工作中，女人的微笑可以拉近彼此的距离感，也可以在争论中化解锐气，降低对抗的情绪。女人的微笑就像一缕温暖的清风，春风拂面的感觉让人陶醉。让这份美丽和善良的气质彼此相传，如此一来，我们便可以拥有一个和谐、美好、愉快的工作、生活和学习的环境。

微笑能带来快乐，带来轻松愉悦的气氛。保持微笑的女人，不但让自己的面部肌肉得到锻炼，让自己更显青春活力，也让身边的人更加快乐。每个人都喜欢看到微笑的可爱面孔，那么，就先把自己美丽的微笑展现给别人吧！

# 细语，一汪浸润心田的清泉

轻柔的语调映照出一个女人温和的性情，女人特有的细致与温和都是让人倾倒和迷恋的，而声音是反映女人性格的有效途径。也许你的声音并不甜美，可是如果你谈吐若兰，文质彬彬，那么，你的声音便会让别人感到舒适，他人就愿意与你交流，而你也会因此更受人喜欢。

细语比任何的豪言壮语更能抓住别人的心，语调快慢适度，你不会因为说话过快而让别人听不清楚，也不会因为说话过慢而让别人觉得是在矫揉造作，语言流畅，才能让听的人有舒适感。俗话说，言为心声，说话温和是对别人的尊重，而且更能表达出自己的内心。没有人愿意跟一个蛮不讲理、泼辣尖酸的人长时间交流，相反，那些说话温和的人，即使意见与自己有所偏差，我们往往也会站在一个客观的角度去聆听与欣赏。

谢小荷长得很乖巧，刚刚到公司时，同事们都比较喜欢她。谢小荷也懂得扬长避短，大家看到的往往都是她的优点。而随着对环境的熟悉，她的缺点也渐渐地崭露出来，因为业务需要，上班时间她常常接电话，可是她却忘了控制好自己的分贝，这样就直接影响了其他同事的工作，尤其是会计常常忙于财务计算，谢小荷一个电话就让她忘了刚才算到哪里了。在工作时间尚且如此，在工作之余，谢小荷的这个缺点就更明显了。表达不同意见的时候，她的声音往往比别人高出八度，而且语速很快，总是给人一种她在强词夺理的感觉。更要命的是，大家都是住宿舍的，谢小荷晚上接到私人电话，往往会影响到其他同事休息。所以，大家逐渐对她有了意见，甚至产生了敌意。谢小荷也感觉到不对，却没有去反省自己，反而觉得同事们都假惺惺——刚来的时候对自己那么好，现在看自己工作能力强了，就产生了嫉妒之心。

不久后，公司又新来了一个叫林萌萌的同事，同事对她都非常热情。谢小荷想，等着吧，过不了多久，她们就全变了。林萌萌也是个热衷于工作的女孩，她对工作有一股“初生牛犊不怕虎”的热忱，而且她也很快做出了成绩，引起了领导的注意。谢小荷又想，那些同事不嫉妒她才怪呢，很快就会原形毕露的。然而，谢小荷推测错了，她常常看到林萌萌和老同事们有说有笑，相处融洽。这时候，谢小荷才想也许自己身上存在什么问题。

于是，谢小荷开始将自己跟林萌萌进行比较，不管工作能力，还是性格，她们都有着相似之处，唯独一点不同，林萌萌比她要细心，她每次打业务电话，总是轻声细语，保持对方在电话里能够听清楚的分贝就行了，而且不会影响到其他的同事，晚上有私人电话，她都会到宿舍外面去接，而且开门的声音也极小，这样就不会影响其他同事休息了。谢小荷发现这些问题后，马上进行了换位思考：的确，如果站在同事们的角度想，自己的确是挺讨人厌的。

于是，谢小荷向同事们道了歉，并且改正了自己从前说话大嗓门的习惯，她不但再次融入了公司这个大家庭中，而且当她说话变得温和之后，跟客户洽谈业务的成功率也提高了很多。

谁都不喜欢听到别人对自己大吼大叫，不管是善意的还是恶意的，温和的声音有如甘露，细语有如清泉，我们听到美妙的声音会感觉十分动人，而听到别人的细语也会感觉悦耳。作为女人，有干脆利索的性格固然是好的，但是也不要忽略了柔情的一面。女人的美，美在内涵，美在外表，美在气质，美在味道，美在声音，如果你的声音本就已经十分甜美，那么再配上恰当的语速、合适的语调，你的声音将会更加动人。如果你的声音不够甜美，那也不要紧，你能够尊重别人，用温和的语气对别人讲话，细语交流，那么你的声音依然是美好的。

别人欣赏女人的美，往往会从视觉、听觉、嗅觉等多个方面，当你为了让自己的形象更加完美而从多个方面下工夫的时候，千万不要忽略了声音这个重要方面。细语交流，会让你的形象更加丰满，会让你更加趋于完美，从而获得更好的人缘，并且助你在人生中走向成功。

# 韵味，唯有暗香浮动

大千世界，各种各样的女人不计其数，每个人都有自己的特点，她们如同一生一世都读不完的书，有的美丽，有的深刻，有的知性，有的善感，她们总是将自己最美丽的一面展现给别人，成为一道靓丽的风景。而有的女人，则将这些特点集于一身，有知识，有内涵，有风度，体面的外表与丰富的内在让她们臻于完美。她们比一般的女子更加富有韵味，更耐人寻味，不但富有女人味，而且有内涵，不浅薄，给人一种神秘感以及探索的欲望。

有韵味的女人，有着良好的品位，不是附庸风雅，而是有自己的追求，并为了自己的理想不懈地努力，在工作过程中表现出的魄力也让人钦佩；她们有良好的修养，懂得尊重别人，也懂得宽容别人，高尚的品格让她们散发出迷人的魅力；她们富有爱心，心地善良，在家庭中也扮演着贤良淑德的角色，用女人的细心与爱心让家庭充满了温馨。

展菱在母亲的熏陶下，从小就喜欢读书，每当周末或者暑假的时候，她常常埋首书堆，她阅读的书包括历史、旅游、文学等多个方面，高中毕业的时候，她的知识就已经非常渊博了。进入大学后，展菱又利用周末的时间参加了特长班，学习萨克斯。当然，从小到大，她都没有忽略对修养的提高，在同学们的心中，她是一个才德兼具的女子，大家都非常欣赏她。

大学毕业后，展菱来到了一家知名杂志社工作，虽然工作压力比较大，但是展菱从来不会忽略自己的外表，就算忙碌，也不显匆忙，她的形象永远都是干净利索的。每到周末的时候，展菱会拿出一天的时间陪父母，或者与朋友们约会，而另外一天时间则用来看电视或者逛街，她的精神总是保持在最好的状态，所以，她总是感觉生活充满了美好，而她的这种状态也让自己大受欢迎。

不久，展菱的同窗留学归来，约她一起吃饭，当他看到如今的展菱不但才气依然，而且蕙质兰心，一种爱慕之情由心而生。在两个人的交谈中，展菱从来不会只说些无聊的话题，不管他说什么，她都能发表自己的见解。一个有思想、有才华、有韵味的女子，正是他所追求的择偶标准，于是他向展菱展开了爱情攻势，而展菱则是爱情事业双丰收。正是因为她不断地充实自己，才让自己更加有韵味，而这也是让生活更加美满的催化剂。没有人不欣赏有内涵、有韵味的女子，所以，修炼女人味，做一个有韵味的女人对女性朋友来说势在必行。

不管是文化修养还是内在素质，都要以不断地提炼自己的生活、提高自己对人生的认知为基础，接收高雅的信息，学习富有美感的知识，陶冶情操，让自己在繁忙的事业中，仍然能够惬意自如。

放松心情，懂得欣赏自己，在某些时刻也能够散发出富有诗意的情调。雅致含蓄的好女人如同一首动听的歌，让人回味。有人说，“女人是一首诗”，这首诗会打动很多人，特别是懂得欣赏的人，但不是“打油诗”，不是粗俗的俏话和风言风语。

女人的韵味不是刻意表现出来的，它已经灌注于举手投足间，它充满了情趣，让人感觉美到极致，如同那一缕柔和的阳光，漫天飞舞的七彩花瓣。女人爽朗的笑声，赏心、悦耳、悦目，因为充满韵味的女人最让人难以忘怀的不单纯是外表，还有她的涵养，她的底蕴，让你不受控制地流连于她营造的温馨世界当中。

女人的韵味不是一朝一夕就能培养出来的，它需要女人时时刻刻注意自己的形象，提高自己的素养。有韵味的女人如同一幅美丽的山水画，韵味悠长，如同明媚春光里的美景，让人心旷神怡。做一个有韵味的女人，浮光掠影间，展现自己的美丽，人来人往中，亮出自己的风采。

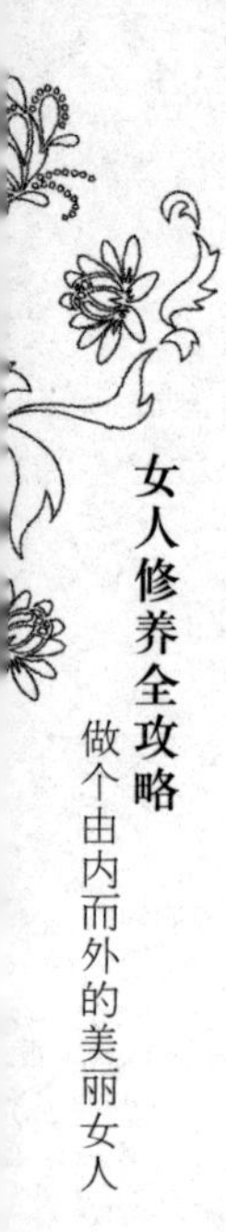



# 时尚，聚焦万千目光

“时尚”这个词在很久以前一般用来形容走T台的模特，随着时代的进步，时尚也走进了千家万户，成为无数人的追求。对于女性来说，时尚已经成为一种需求。时尚代表着先进与潮流，现代女性追求衣着的时尚，也追求思想的时尚，紧跟时代的步伐，才能在新时代中不落于人后，甚至出类拔萃。

与时尚相对应的是落后与保守，举个简单的例子。在先前的很多年里，女人一直扮演着家庭主妇的角色，一向主内，不问外事，但是，随着女性地位的提高，女性的思想也得到解放，新时代的女性不但有思想、有主见，而且也有自立的能力，不再依附于男人，甚至还有很多女子巾帼不让须眉，做出了不小的成绩。

**时尚的外表让你充满活力**

提到时尚，我们最先想到的是时髦的服饰、潮流的打扮，外在的形象本就对女性十分重要，所以，追求潮流无可厚非。当你新换一个潮流的发型，常常会有很多人向你行注目礼，而一款时尚的衣服，更能够凸显你的身材与外貌，让你的形象更加完美。时尚并不是标新立异，穿着怪异，而是紧跟时代。女人本就爱美，让潮流的打扮为你锦上添花，何乐而不为。女人在追求时尚的同时，也开动了自己的思想，一个善于运用思想的人是活跃的、年轻的、充满活力的。

### 时尚的娱乐让你放松身心

我们曾经花了很多的时间在学校里，曾经为了优异的成绩而努力，也曾经为了工作而倍感压力，所以，适当地放松自己不但于身心有利，也有利于工作效率的提高。通常，多数女性选择放松的方式是逛街与看电影，其实你不妨找个时间和朋友一起去喝喝咖啡、跳个舞，或者是去茶座饮茶，将自己置身于优雅的环境之中，你也会为环境所熏陶。远离喧嚣，净化心灵，才能真正地让自己得到放松。

### 时尚的思想让你魅力四射

时尚的外表与时尚的思想是相辅相成的，如果只追求时尚的外表，思想却停滞不前，只会让人觉得华丽的衣饰包裹着一个空洞的躯壳，而那些思想超前的人则更能够展现自己的魅力。倘若一个女人只有时尚的外表，却大脑空洞，难免会让人觉得是个花瓶，毫无内涵可言，相反，当一个女人时尚而且有思想，精神状态又极佳的时候，你会觉得她所具有的美无法形容。

冰清是一个追求时尚的女子，她在大家面前，常常是以不同的发型、不同的服饰、不同的形象出现。刚来到公司的时候，看到她的样子，有的同事觉得她也不过是个花瓶，一个将时间都用在打扮自己上的女孩，又能有多少内涵呢？然而，经过一段时间的交往，他们发现冰清把时尚当成了习惯，并不会浪费多少时间，相反，美好的形象让她自己也感觉神清气爽，做其他事情都专注而投入，工作效率也并不比别人低。跟冰清交流的过程中，大家发现她是一个很有思想、很有

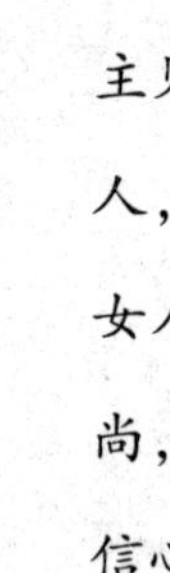



主见的女孩子。以前，有的同事认为，时尚的打扮只是为了取悦于别人，而冰清则说，时尚的打扮也是为了取悦于自己，时尚是一种美，女人有追求美的权利。在她的影响下，几个女同事也跟她学起了时尚，她们将自己的形象改变得焕然一新，而新形象不但让她们对自己信心大增，心情也更加愉快了。

时尚是一种风格，追求时尚也从很多方面映射出了一个人的优点：首先，追求时尚的人一定是在意自己形象的人，在意自己的形象是对自己负责，也是对别人尊重，试问一个完全不注意自己形象的人，又如何拥有集体责任感，懂得尊重他人，与他人协作，从而创造出更高的工作效率？其次，追求时尚的人对新事物的接受能力比较强，这是一个经济发展日新月异的时代，推陈出新屡见不鲜，所以，一个能够比别人更快地接受新事物的人，将会是一个难得的人才。

时尚，无数女人的宠爱，而时尚的女人，则能聚焦万千目光。作为一个女性，不要忽略了时尚的巨大作用，让自己的外表时尚起来，让自己的思想时尚起来，让自己的行动时尚起来，那么，你就是焦点。

# 第六章

## 重视形象，良好的修养靠形象来展示

良好的修养包括许多方面，而形象便是其中之一。重视自己的外在形象，妆容整洁，谈吐优雅，行为得体，那么，在成功之路上，你已经做好了铺垫。一个全然不在乎自己形象的女子，往往会因为这些看似细小的方面而掩盖了自己的优点，而适当注重自己形象的女人则更容易被别人所注意，更容易获得机遇，走向成功。

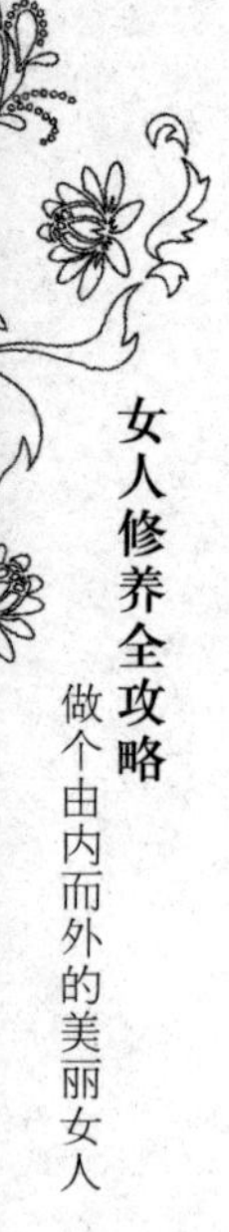



# 形象也是女人的竞争力

古时候，女子一直被冠以“弱质女流”的称号，而现在，女子却能够跻身于各种竞争的行列，学校中，不乏成绩优异的女同学，而很多单位中，女职员也创造了极好的业绩。

在竞争的过程中，女人们看重的往往是实力，所以，她们不懈地提高自己的专业水准，积极参加各种培训活动，不断地总结工作经验，让自己的技术精益求精，从而成为公司不可或缺的人才。然而，在这个过程中，也有很多女人忽略了自己的形象。其实，形象也是女人的竞争力，试想，如果两个女人的工作能力不分高下，那么，谁会更受人欢迎呢？当然是形象更好的那个女人。因为注重自己的形象，便是对别人的尊重，懂得尊重别人的女人，也更容易得到别人的认可。

虽然有的女人天生丽质，有的女人则相貌平平，但是经过后天的努力，一样可以让自己美丽动人，合适的衣着、精致的妆容、端庄的举止，都能让一个女子的形象更加臻于完善。天生美丽的女子可以通过这些方面来体现自己的修养，而容颜并不出类拔萃的女人则可以通过那些方面表现出自己的温婉与大方。形象并不仅仅指相貌，而是包括了多个方面，因此，女人们注意自己的形象，也千万不要忽略了形象这个概念所包含的诸多内容。

### 仪表不可忽略

有的女人事业心极强，而这种心态也影响了部分女性的生活习惯，她们觉得把精力用于打扮上简直就是浪费时间，然而，若是全然不在乎自己的外在形象，给人造成邋里邋遢的印象，即使工作能力再强，外表的失仪恐怕也会给人带来不好的印象。

黎雪大学毕业后给自己制订了工作计划，要在一年之内成为公司里业务能力最强的女性，在两年之内能升职，三年之内做到业务主管。为了这个目标，她真可谓是坚持不懈，上班比谁都积极，连早餐都是简单的面包加牛奶，有时候还主动加班。

按说，能够有一个这样的员工，领导应该感到骄傲，然而，黎雪却并没有给领导留下良好的印象，因为她虽然工作卖力，却全然忽略了个人形象，早晨匆匆忙忙洗完脸，头发简单地梳了几下就去公司，在公司里也只顾着工作，完全不计较自己的外表还会给人留下什么样的印象，尤其是在单位其他几位女同事的对比之下，黎雪完全像个丑小鸭一样。要说到天生的容貌，其他同事或许并没有黎雪生得俏丽，但是她们穿着得体，说话彬彬有礼，对自己的外在显然进行了修饰，而黎雪却不修边幅，难免相形见绌。正是因为这些严重影响了领导对她的看法，她才在工作中一直难以一展宏图。

黎雪一直是个追求上进的女孩，她经常总结同事们的优点，并且向她们学习。有一次，她忽然察觉每一个同事都在形象上用心了，而唯独自己将其忽略了。她在网上搜集有关形象的资料，这时候她才恍然大悟，原来形象对一个女人是如此重要，在人际交往中、工作中，留给别人的印象跟形象是密不可分的。于是，黎雪去做了专门的形象设计，当自己换上了新形象的时候，她自己也感觉精神焕发，信心百

倍，而她的改变也让领导对她有所改观，开始注意她的工作能力了。此时，黎雪的上进与勤劳已经成为让人一眼就能看到的优点，而她的第一个工作理想也很快变为了现实。

**举止更要慎重**

女人不但要注意自己的外在形象，更应该注意自己的一言一行，说话要客气而不做作，行为要端正，做事要认真，不要做一些自毁形象的事情，比如，将听来的闲话以讹传讹，偷盗别人的工作成果等，内外皆美的女人才更受人欢迎。

某公司秘书辞职，领导想从现有的员工中再选一个女孩接任，领导首先想到了冰冰和小蔡，这两个女孩不相上下，论工作能力，谁也不逊于谁，论人缘和协调能力，也是平分秋色。正当领导犹豫不决的时候，一个简单的小事却让他做出了决断。一天下班之后，冰冰在办公桌前补妆，将用过的纸巾扔到了地上。同事提醒她：“冰冰，你的纸巾掉了。”“我故意扔地上的，反正明天早晨保洁阿姨还要打扫。”冰冰回答道。

就因为这句话，冰冰被领导取消了候选资格，一是因为单位有垃圾桶，冰冰图省事，将废纸扔在地上；二是她说得似乎有道理，可是，如果下班后，有客户来公司参观，冰冰随手扔的纸巾就会对公司的形象带来不好的影响。总之，领导觉得冰冰这是不负责任的表现，他又怎么会让一个不负责任的女孩担任自己的秘书呢？

# 端庄的外表是收获幸福与成功的资本

有的女人把能否获得幸福归功于是否生在一个有钱的家庭，是否遇到一个疼爱自己的老公，把成功与否归功于是否遇到好的公司，是否遇上能够对自己有知遇之恩的上司……女人的幸福与成功并不排除这些因素，然而，幸福和成功却有着各种各样的形态，无论哪一种，都需要自己的努力。幸福可以从天而降，但是，它只会降给那些为了幸福不懈努力的人，而获取幸福，不只是要求你提高自己的工作水平，提高自己的知识容量，提高自己的文化素养，与此同时，也要求你不能忽略端庄的外表。

一个外表端庄的女人，能够给人留下良好的印象，让人耳目一新，不但让自己更加美丽，也能够体现出良好的素养，外表端庄的女人，比一般的女子更有气质，更有内涵，而端庄的外表也是收获幸福与成功的资本。

**在公共场合要注意外表**

当别人夸你漂亮、聪明、知性、端庄时，你一定会感觉非常开心。其实，将自己打扮得干净利索、端庄优雅，不只会让自己心情愉快，也会让看到你的人感觉舒畅。试想，如果有人在你面前不修边幅，完全不在乎自己的形象，你一定会感到些许的别扭。那么，将心

比心，你的端庄形象一定会给别人留下良好的印象；同样的道理，如果你不修边幅，别人也会感觉到别扭。

翁岚出生在一个书香门第，父亲知识广博，母亲贤良淑德，而她从小也受到了很好的熏陶。翁岚一向穿着得体，举止大方，结婚之后，她将家务处理得井井有条，而且从来都不会无理取闹，深得丈夫的宠爱，在公司里也人缘颇好，她知书达理、工作认真、心胸宽广，同事们很喜欢她，领导也很器重她。

正是因为翁岚时刻注重自己的形象，才给别人留下了很好的印象，家庭生活才会如此和睦，工作也得心应手。

**在家中也不能忽略外表**

邹蓉是个时尚而富有活力的女孩，她长得漂亮，美丽大方，是很多人追求的对象。而她与一位风度翩翩的同事一拍即合，几个月后，两个人便喜结连理，很多人看到这位同事能娶个这么美丽的妻子，都羡慕不已。

然而，邹蓉的婚后生活却并不幸福，以前丈夫觉得她非常完美，婚后却开始对她有了看法。一开始，邹蓉觉得是丈夫喜新厌旧，时间长了，厌倦了自己，但是，她还是觉得应该跟丈夫好好谈一谈，最后丈夫说出了原因，原来这与邹蓉的生活习惯有关。以前，邹蓉留给他的印象是非常干净整洁的，可是结婚后，邹蓉的日常生活却非常凌乱，换下来的衣服常常随便堆在一边，而她在家里的样子也是一塌糊涂，跟在人前的她判若两人。

听了丈夫的意见，邹蓉似有所悟，于是，她开始改变自己，不但在外面给人一个完美的印象，在家中也时刻注意自己的形象。不久，她与丈夫的感情也更加亲密了。

很多已经成家的女人认为，反正跟丈夫是一家人，用不着那么拘谨，而且家是自己的地方，完全可以随便，所以全然不在乎自己的形象。其实，一个女人不论在何时何地，都应该一样注意自己的形象，好的形象能体现出她的涵养，让人赏心悦目，这并不是说在家中必须像工作时候那么严谨，但是整洁的外表还是应该保持的。

### 外表端庄才更有魅力

一个外表端庄的女人更能够获得别人的好感。爱美之心人皆有之，社会交流的互动，男女的交往，都需要女人有一个良好的内外形象。内在的修养，外在的表露，知识与能力，言谈与举止，自我个性的适度表现，这些都与是否有一个端庄的外在形象有直接的联系。

端庄的气质会使女人充满魅力，在直观上可以得到大家的认可，也会给对方留下良好的印象，从而促进自己的工作发展，进而增长阅历，获得知识财富，走向生活和事业的成功。通过良好的自我形象，积极饱满的生活态度，感染亲朋好友，得到和谐的人际关系和愉快轻松的心情，从而在工作中平步青云，在生活中收获点滴幸福。一个外表端庄的女人更招人疼爱，更受人欢迎，更能得到幸福的眷顾与成功的垂青。

# 注重形象能够体现你的教养

一个女人留给别人的第一印象，常常取决于自身的形象，穿着得体。举止大方是良好的形象，谈吐优雅、富有气质也是良好的形象，而在意自己形象的同时，也表达了对别人的尊重。一个在任何地方都我行我素的女人，往往给人刁蛮任性、粗鲁无礼的感觉，而有内涵、有修养这样的形容词加诸她们的身上，就会牵强附会；相反，那些干净整洁、精神、干练的形象，往往更能给人较好的感觉。因此，注重形象是女人的一门必修课，它能让女人丰富自己的美感，获得良好的人缘。

在一些需要频繁人际交往的工作中，良好的形象是必需的，甚至要对从业人员进行专门的培训。注重形象，不是为了形象而形象，而是一种对他的尊重，彼此营造良好的直观印象，可以促进相互间了解与合作。注重形象的女人更加在乎自己的失礼是否给他人增添了不便，更加地注意和对待他人的感受，这是一种有修养、有教养的体现。

依兰是一个漂亮的女孩，以前特别爱美，把自己打扮得像童话里的公主一般，然而，大学毕业后，开始工作的依兰却变了，快节奏的生活让她感觉应接不暇，每天都是那么的匆忙，哪里还有时间去化妆。依兰觉得，女人最美的就是一张脸，现在却连脸都顾不上了，至于穿着方面就更不在意了。于是，依兰每天穿着宽松舒适的衣服上班，既然不能秀出自己的美，追求舒服总该没有错吧。

依兰的同事小薇也是上学的时候特别爱美的那种女孩，常常一次化妆就要两个小时，工作之后的生活节奏确实快了很多，有时候还要为了避免堵车，早点从家中出发，这样时间就更加紧张了。即便如此，小薇也没有忽略自身形象，虽然不能像以前那样化非常细致的妆，但是可以化个简易的妆容，这样耗费不了多少时间，而且穿着也一定与公司的气氛相吻合，当然，也要合身，这样才显得有精神，才像一个真正的上班族。

依兰跟小薇是同一批被公司录取的，可是两个人的发展却大有不同，两个人表现出了同样的积极性，可是小薇却得到了领导的器重。依兰对此有些不解，但也没有说什么。

有一次，依兰遇到了自己以前的好朋友，她看到依兰现在的样子，不禁大吃一惊："依兰，工作很累吧，怎么没精打采的？"

"工作累归累，可是我并没有没精打采啊。"依兰说。

"那怎么穿成这样？你看你现在穿衣服也很随便了，妆也不化了，跟以前简直判若两人啊，还是以前的样子比较精神。"朋友说。

"工作这么忙，我哪里有时间顾得上这些啊？"依兰抱怨道。

朋友向她讲了自己的情况，她上班比依兰还要早半个小时，但是却每天都将自己打扮得很干练，这样在别人看来，会有一种被尊重的感觉。虽然没有太多的精力打扮自己，但是起码要让自己精神百倍，而不能给别人造成一种邋遢的感觉。一个人的形象在日常生活中起了很大作用，没有人愿意和一个形象不佳的人合作，因为一个人对自身形象的态度在很大程度上反映了这个人对生活、对工作乃至对他人的

态度。

听了朋友的陈述，依兰立刻想起了小薇，自己与小薇的区别也正是如此，两个人一样忙碌，住得离公司一样远，可是小薇却能做到顾及自己的形象，自己又有什么做不到的呢？

于是，依兰开始改变自己，不但注意自己的外表，对人也变得更加彬彬有礼。她的改观是显而易见的，很快就引起了领导的注意，而她的能力在得到了很好的发挥之后，也顺理成章地得到了提拔。

注重形象是对自己负责的表现，将自己置身于一个环境中，并且形象与之搭配，会感觉到和谐，从而刺激自己的精神，让自己更加富有活力；注重形象也是尊重别人的表现，没有人愿意和一个形象邋遢的人一起，在意自己形象的人往往也会在意他人的感受。

良好的形象体现了一个人的修养，形象欠佳的人让人感觉修养似乎也一般。因此，女人要全面提高自己的修养，尤其不要忽略了外在形象。

# 形象邋遢的女人生活也不精致

最有人缘的女人莫过于心态健康的拥有好形象的女人，因为她们有着良好的心态，懂得宽容、理解，她们善良、诚实、知性，这类女人就是通常我们所说的有涵养的女人，正是因为她们具备了这些好品格，所以才更具吸引力，能够获得别人的喜爱。注意自己形象的女人往往在生活中也是注意细节的女人，相反，那些无暇顾及自己形象的女人，生活往往也不精致。

女人精致的生活包括很多方面，如干净的生活环境、合理的饮食习惯、良好的休息习惯等。形象邋遢的女人，往往房间里一团糟，东西乱扔乱放，饮食很随便，完全忽略了营养的均衡性，有的甚至休息习惯也很不好，常常很晚才睡觉，而周末的时间也用来补充睡眠了。这样的女人不在少数，虽然看上去只是简单的形象问题与生活的随意问题，但是却可能引发一些更严重的事情。所以，从注意自己的形象做起，让自己有健康的肤色、饱满的精神，不但让自己形象好，也让自己身体好、精神好。

徐萃是一家公司的业务主管，最初做业务员的时候，她还是很在意自己的形象的，衣服总是熨烫得平平整整，淡淡的妆容更让她显得貌美，她为人处世也很周到，给大家留下了很好的印象。然而，自从当上业务主管后，徐萃有了一种稳坐钓鱼台的感觉，不再像以前那么

在意自己的形象了，与此同时，她的业务量也大大地增多了，因此，她常常不修边幅，匆匆忙忙来公司，像是一个典型的工作狂。看她的外表，不知道的人一定想不到这个人竟然是公司的业务主管。

随着工作的繁忙，徐萃的生活习惯也开始有所改变，以前她常常晚上10点之前就洗脸睡觉了，早晨7点钟便会自然醒，公司9点才上班，她有足够的时间梳洗与吃早餐。可是现在，她常常很晚才休息，她觉得大量的工作带给了她极大的压力，晚上看看电影能够放松身心，可是她常常一看就看到深夜。更为严重的是，因为熬夜，她第二天常常会起得很晚，为了不迟到，她必须匆匆忙忙启程，这样就没有时间吃早餐了，更别说“对镜贴花黄”了。徐萃常常饿着肚子就去了公司，上午还没下班就开始感觉到饿了，甚至感觉到体力不支，而中午由于太饿就会暴饮暴食，结果不到半年，徐萃就跟变了一个人似的，身体发胖，精神萎靡，还常常胃疼，而且头发散乱，衣服也没有以前整洁。

别人以为徐萃是因为工作太忙变成这样的，但是身心疲惫的徐萃还是认真总结了一下，自己以前做业务员的时候，其实比现在还要忙碌，因为现在有些事情可以交给别人去做，而那个时候则必须要亲力亲为，可是以前却没有现在的这些问题。于是，徐萃尝试着恢复以前的生活习惯，果然，很快收到了成效，按时作息让她每天都能够有充足的睡眠，第二天也充满活力，按时吃早餐让她不再在工作时感觉到疲倦，而身体状况也有所改观。而且，对生活有了新认识的她也不再将周末全部用于休息上，而是去健身或者美容，或者阅读，生活质量完全提上去了。

徐萃感觉很庆幸，幸亏自己及时改变自己，才没有让职业病摧垮自己的身体。当然，此时的徐萃已经恢复了端庄的形象，她的精神状态让她在工作中也取得了比以前更高的成效。

其实，女人天性爱美，注意形象本就是十分平常的事情，只是当我们由学校步入社会，生活状态会有所改变，所以，忙碌往往使女人觉得没有时间去顾及工作以外的事情。其实不然，只要恰当地安排时间，塑造一个美丽而状态极佳的自我并不困难。

缺乏条理性地生活，会降低生活的质量和工作效率，女人可以不惊艳，但至少应该有一个比较干净整洁的整体形象，这就需要靠生活的条理性和好的生活习惯来支撑，这也是女性修养当中的一个重要组成部分。女人们应该经常关注一些如何塑造良好形象的知识和信息，学习如何提高自己形象的能力和技巧，并大胆地尝试，不断注重个人形象的塑造，理解形象的重要，把握形象塑造的尺度，合理安排时间，养成良好的习惯，从内到外建立起自己良好的个人形象。这不仅可以提高自己的内在品质和外在条件，也是通过对个人形象的塑造和调整来尊重自己身边的人，从而创造出一个良好的内外环境，帮助自己的生活和事业获得更好的发展。

外表邋遢的女人不但不会受到别人的欢迎，而且也会反映出自己并不精致的生活。一个生活精致的女人，不但让自己生活在整洁舒适的环境中，也会在别人面前体现出自己美好的一面，将良好的形象展现出来，给他人留下一个不错的印象。

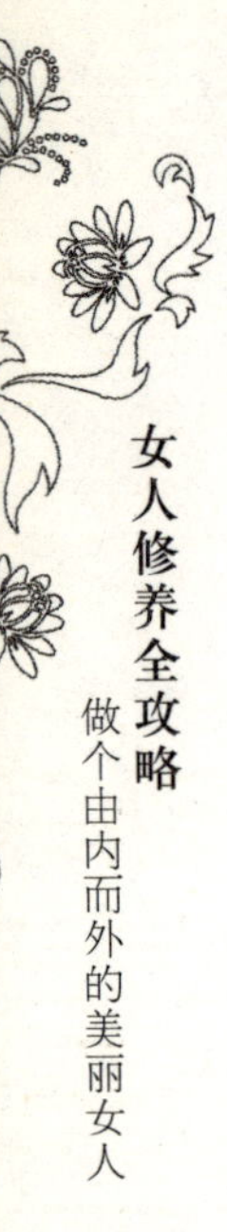


# 不修边幅是不在意自己也忽略他人

“我修不修边幅关你什么事？”也许你听过女人理直气壮地说这句话，可是，如果平心静气想一想，这句话就露出了破绽。首先，假如别人说你形象不好，你一定会感觉到不悦，每个女人都希望给别人留下美好的印象，而不修边幅是不在意自己的表现，想要得到别人的肯定，就要自己先做好，注重形象也是对自己负责的表现。其次，假如有两个人都向你推销同样的保险，而其中一个人形象良好，另一个人则完全不修边幅，如果你对这份保险有兴趣，那么，你肯定更愿意跟形象良好的人交流，因为你会觉得不修边幅的人似乎并不尊重你。

不会有哪个女人愿意被人用“不修边幅”这个词来形容，所以，让自己美起来，在意自己的同时，也让别人赏心悦目，那么，你将会收获更多的快乐。良好的外在形象不但让自己精神爽快，也会让看到你的人感觉焕然一新，甚至可以在你人生道路上，帮助你收获一份美好的爱情，帮助你取得更好的工作成绩。

**如果你不在意自己，别人也一样会忽略你**

虽然有时候我们会说，人要生活在自己的世界里，不要被别人所左右，但是现实生活中，我们不可避免地与别人发生接触与互动，也会出现在别人的世界里。此时的我们，如果能够在意自己的形象，会给别人留下美好的印象，而完全忽略了自己的形象，过分地放纵自我，只会让别人厌恶，更别提被别人重视了。所以说，如果你不在意自己，别人也一样会忽略你。

代怡从小被父母视为掌上明珠，生活中的事情父母都给打理得井井有条，而她几乎什么都不会做，也懒得去做，她甚至还将这个懒惰的习惯带入了大学当中，生活状态一塌糊涂，衣服该洗了就送去洗衣店，自己什么都不做，而她养尊处优的生活也让她形成了恶劣的性格。

毕业后，开始工作的代怡依然过分追求舒适，每天宁愿晚点起床，匆匆忙忙上班，也不想早起打扮一下自己。除了去面试那天，她的样子看上去比较清爽，其他时候就完全没有在意过自己的形象，再加上她的挑剔性格，在公司，她几乎没有什么朋友。

后来，代怡生病了，请了几天假，她感觉非常想家，一个人在外地的确有些凄凉。此时，她非常希望能够有个人来陪她，哪怕是来跟她说说话都行，可是想想现在公司里的人，大家似乎都视她如空气，没有人愿意亲近她，代怡开始抱怨人情冷漠。她想，既然没人在乎我，那我越要好好地生活。于是，她一改从前的习惯，每天将自己打扮得漂漂亮亮，人也勤快了很多。

一天，有位女同事夸奖代怡漂亮，其他同事也发表了同样的观点。代怡感觉很开心，这是进入公司以来，她第一次得到别人的认可。她想，自己的形象稍作改变，她们都会注意，莫非自己的形象真的会影响她们？

后来，代怡发现，不修边幅的确让人有些不快，连自己都不在乎

自己了，别人又怎么能不忽略你呢？

### 让自己的形象和谐起来

处在一个集体当中，便要追求形象的和谐，“修边幅”不仅仅是指形象不邋遢，而且还要和谐，在意自己的同时，也不要忽略了别人的感受，“修边幅”也要修得恰到好处。一个能够将自己融入集体当中的人，会对自己的形象更加在意，而那些只想着一枝独秀的人，她们在意自我形象则难以把握好一个度，也就难免贻笑大方。

米婷的单位组织了一次旅游，出于各种考虑，公司制作了统一的着装。可米婷觉得旅游是一次游玩，并不是严谨的工作，公司发了旅游服装只是对员工的一点表示，不见得非要穿上，于是，出发那天，所有人都穿上了公司的旅游装，唯独米婷除外。

此时，米婷在人堆里非常显眼，不仅如此，米婷完全忽略了自己的形象，因为她觉得旅游本就是为了缓和工作压力，何必再压抑自己。果然这次旅游归来，大家都对米婷有了印象，可是这个印象却并不好。

后来，米婷听到大家的一些议论，才知道自己当日太我行我素，旁若无人，结果造成了大家都远离自己的后果。

其实，女人在意形象无非有两个目的，一是让自己更美，二是给别人留下一个好的印象。每个人都会有一点小小的虚荣，当别人夸你美的时候，你一定会感觉到愉快，即使天生丽质，也不要素面朝天，而穿着也要合体，如果完全不修边幅，将会大大地削弱你的美，甚至毫无美感可言。

谁都不愿意给别人留下糟糕的印象，那么，就应该全面提高自己，既要注重形象，又要提高素养。

毫无疑问，不修边幅，留给别人的印象就会大打折扣，因为对方会有不被尊重，甚至被忽略的感觉。因此，不修边幅是不在意自己，也是忽略别人的表现。

“己所不欲，勿施于人”，谁都不希望被忽略，那么，就请“修”一下自己的边幅，让自己更加美丽，也让看到你的人感觉神清气爽，尊重别人，也让自己获得别人的尊重，让生活的氛围更加和谐、更加美好。

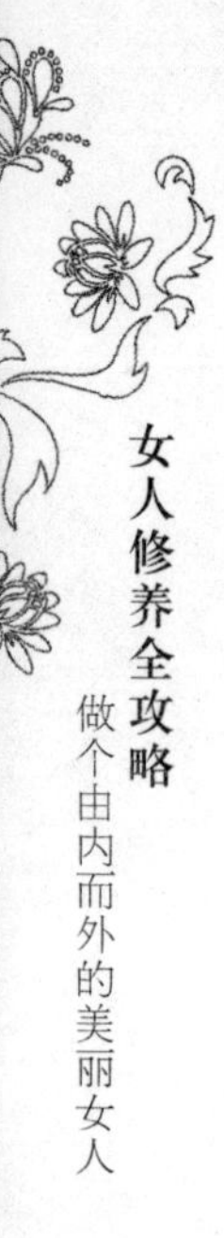


# 仪表清新是对他人的尊重

人具有社会性，不可避免地要与别人交往，在这个过程中，必须尊重别人，这样才能够获得别人的尊重，才能有更加和谐的人际关系。尊重别人，包含了很多方面，包括尊重别人的隐私，不诋毁别人，说话的时候要看着对方的眼睛，听别人说话的时候要精力集中等。而注重仪表在很多人看来，那只是自己的事情，无关乎别人，其实不然，仪表清新也是对他人的尊重。假设别人在你面前完全不在意自己的仪表，那么你也一定会有一种不自然的感觉。推己及人，保持清新的仪表，你也会让别人感受到来自你的尊重。

在一些重要的场合，女性通常需要着正装或者穿特定的服饰，这是对整个氛围的尊重；而在公共场合，当你出现在别人面前的时候，仪表清新也会让人感到眼前一亮，而不在意自己的仪表就会起到反面的效果；在公司里，仪表清新的人更容易获得同事的好感，引起领导的注意，而我行我素、全无不顾仪表的人，则让人敬而远之，这样只会在无意间减少与同事的默契，甚至会错失一些良好的机会。

有的女性认为：我要的是出类拔萃，是凭借工作能力胜出，而不是靠一张脸，更不是靠华丽的衣着打扮。的确，只有美丽的外表却没有好的工作能力，甚至工作时心不在焉，没有进取心，是难以取得成功的。但是，这并不代表清新的仪表就毫无作用，因为仪表清新可以给人干净利索的感觉，甚至让人联想到你的处事精明、工作干练等，那么，你又怎么能不获得别人的注意呢？清新的仪表具有透视性，通过它，别人可以看到你更多的优点。

注重仪表需要准确地把握好尺度，不修边幅不是宽容大方，过度装饰也未必可取，最主要是要在不同的场合下拥有合适的仪表姿态。对于女人而言，清新的仪表如同一片绿色的滴着露水的嫩叶，脱俗而宁静，不但有型，也清新明丽；如同一条小溪，潺潺的溪流，让自己的内在品质透明清澈，不仅仅是内外如一，而且拥有着水一般的灵动和融和的气息。女人的仪表清新，会美得恰到好处，合适的修饰会使得自己的形象美得足够自然，散发着芬芳，自然清新、表里如一、清澈透明，给大家留下一个健康美好的印象，也可以在与人的交往中创造良好的环境，达成良好的交际互动。仪表的修饰不只要展现自己，也会给众人留下和蔼、富有亲和力、落落大方的形象。

郁婕长得并不漂亮，按照一般的审美标准，她至多也只能说是五官比例协调，一些形容女性美的词，诸如“漂亮”“美丽”用在她的身上会让人感觉有些牵强。但是，郁婕并没有因此而自卑，她知道自己在长相上并不占优势，所以在完善形象上多下了工夫。

郁婕特别注意自己的外表，她的头发永远都是那么利索，出门化着与自己的脸形、服饰都很搭配的妆容，而衣着也十分得体，如此一来，她的形象便是十分清爽了，而清新的仪表也让她大受欢迎，因为这不只展现了她认真的生活态度，也体现了她的亲和力，让更多的人愿意接近她。

女人常常渴望有沉鱼落雁之容，闭月羞花之貌，即使先天不够天生丽质，依然可以通过化妆、保养等让自己更漂亮，而仅仅有美貌

难免显得单薄，如果气质也让人称赞，那就再好不过了。但是对于追求内外兼修的女人来说，只有这两个方面还是不能满足的，因为良好的修养与高尚的品质会让一个女人的形象更加饱满，如果再加之以出色的才华、较强的工作能力，那么，这样的女人也就趋于完美了。当然，不管是哪一个方面，往往都是从小处表现出来，所以，不要忽略了细节。

现代社会，女人向往长久的青春，往往愿意通过提高自己的素养来让自己更加美丽，但是，切不可只顾着修内而忘记了修外，更何况，仪表清新本就是有修养的一种表现，它不但体现了女人对于自己外表的要求，也体现了对别人的尊重。如果一个女人长得非常漂亮，却全不在意自己的仪表，那么就会让人觉得美中不足；如果一个女人具备内在气质，可是仪表欠佳，那也难免让人觉得她有些做作；如果一个女人追求修养的提高，却忽略了仪表，也会让人觉得她的美不够完善。而仪表清新的女人，美得更加自然，也能让人感觉到她对别人的尊重。

# 精致的妆容体现女人的修养

当我们看到一个女人化着精致的妆容，也许我们的第一感觉是美，然而，透过现象看本质，却能看到女人更多的优点，精致的妆容反映女人的品格，体现女人的修养。

一个在意自己的形象，并且在自己的形象上下工夫的人是一个对自己负责、也尊重别人的人，而且她们往往具有认真、耐心等良好的精神品质。

**精致的妆容体现女人的认真**

看一个女人的脸，就知道她在脸上做了什么样的工夫，如果粉底很不均匀，眉毛一高一低，眼睛也化成了大小眼，这样的妆不但不会让人觉得美，反而会贻笑大方，一个化妆都能让自己变得更加难看的人，会是一个工作认真的人吗?

化妆看似简单，找到适合自己的化妆品，按照程序来就可以了，可是，在脸上的每一笔都映射出女人的生活态度，一个连化妆都草草了事的人，生活也未必精致。相反，那些妆容精致的女人，在化妆时则是集中注意力，认真地塑造着自己的形象，而这种认真的精神带到工作中，就会大大地减少工作中的失误，做出更好的成绩。化妆看似只是一件小事，却能以小见大，体现出女人认真的精神和品质。

**精致的妆容体现女人的耐心**

化妆是一件虽然不难，可是步骤也够麻烦的事情，每天化妆，难免有些枯燥。然而，有的人却乐此不疲，因为化妆能让自己变得更加美丽，而追求美丽并让自己妆容精致的女性一定要有耐心，或者说，为自己化一款精致的妆本就是对女人耐心的磨炼。事实上，我们生活中的很多事情都需要足够的耐心，一个有耐心的人会比其他人更能够平心静气地将事情做好，有耐心的人才能够不慌不忙，按部就班，而不是操之过急，适得其反。尤其是在如今这个时代，快节奏的生活让人们难免有些紧张，大家都想着加快步伐，以免落于人后，所以在有些方面，就失去了耐心，而耐心已经成了一种很宝贵的东西，所以，有耐心的女人做事更能够沉住气，稳扎稳打，并做出成绩。

**精致的妆容体现女人的责任心**

以良好的形象出现在公共场合，这是一个人对自己负责的表现。“形象问题”已经深入人心，对女人来说，精致的妆容更是良好形象的重要组成部分，注重形象，而且让形象更加完美、精致，这也是一个女人责任心的体现。一个有责任心的人，常常会本着负责的态度，将自己分内的事情做好，她们在工作中也会体现出良好的精神品质，不偷懒，不逃避，全力以赴，把工作做得更加出色。

芷兰大学毕业后，对未来充满了美好的憧憬，她做好了迎接新生活的心理准备，然而，进入工作状态后，她却觉得并不理想，同事们没有想象中的热情，领导也没有想象中的有魄力，整个单位与想象中相距甚远，感觉在这里没什么发展的芷兰选择了跳槽。

连续三次跳槽之后，芷兰感觉疲惫了，难道找个合适的单位就这么难？她静下心来想了想，在每个单位，都有工作成绩出色的人，这就说明并不是这个平台不好，而是自己没有去好好发掘，还没等给自己一个准确的定位，没有发挥出自己的才干来就选择了辞职，的确不是理智的做法。于是她决定在下一家单位好好工作，做出成绩来。

到新公司应聘的时候，芷兰认真地化妆，然而，化妆的过程也引起了她的思考，工作就好比化妆一样，如果半途而废，那么这个妆就不完美了，因为耐心是要有的，而一旦不在意，就会把脸画花，所以，认真的精神也是不可缺少的。芷兰这次应聘非常顺利，因为有了新的目标，她的精神也非常振奋，每天也很认真地化妆，而无意中，她也从化妆这件事情中学到了很多，让自己的修养得到了进一步的提高。

精致的妆容所能体现出的内容是吸引人的，它不但体现了女人的美丽，也反映了女人的内在美，反映了女人内外兼修的品质，以及高标准的自我要求，更能够体现出女人精致的细节。精致的妆容不仅让女人的形象更加美丽，也丰富了女人的内涵，体现了女人的完美，让女人更加高贵典雅、赏心悦目。

# 得体的服饰让女人更显优雅

多数女孩从小就喜欢漂亮衣服，渐渐长大，也会明白，衣服不只是需要漂亮，更重要的是得体，尤其是在不同的场合，得体的服饰会显示出一个女人的涵养，也会让自己更有气质。人靠衣装，马靠鞍，得体的服饰对女人来说非常重要，女人的外在形象除了精致的妆容外，衣服也是个不可小觑的方面，合身的衣服能够凸显女人的身材，秀出女人的气质，让女人更显优雅，也让女人更加步履翩翩，美丽动人。

**衣服合身很重要**

衣服合身是衣服是否得体的重要参考，如果穿的衣服尺码太大，也许你会觉得宽松舒适，但是在有些场合，如果穿一件这样的衣服，会让人觉得别扭；而如果衣服尺码太小，也许你觉得这样会显得瘦一点，即使穿着别扭也没关系，但是动作的不自然也会让别人感觉别扭。所以，选择衣服的时候，要选合身的衣服，这样才能让衣服不但是裹身之物，更能起到修饰作用，也让你更加美丽动人。

曼茹在商场看到了一件非常漂亮的衣服，当她上前仔细看时，却发现衣服已经断码了，而仅有的这件比自己平日所穿的衣服足足大了两个尺码。曼茹想，反正衣服只是大了，又不是太小穿不上，而且样子又这么好看，还半价呢，不如买下吧，于是，她痛快地掏钱付了账。当曼茹穿着这件衣服上街的时候，别人总是朝她多看几眼，曼茹还以为这身打扮超靓呢，然而，当她向朋友们炫耀这件衣服的时候，朋友们只说衣服好看，对于她穿这件衣服好不好看，却没有发表意见。后来，曼茹一个人在家的时候，穿着这件衣服去照镜子，自己也觉得很别扭，衣服穿在身上，完全没有想象中的效果，相反，就像一个肥大的袋子装着少许的东西一样，让人感觉空荡荡的。

曼茹这才明白，尽管衣服好看，但是号码差距太大，也不会有理想的效果。

## 衣服合适才会美

唐思思是一个非常活泼的女孩，因为她从事自由职业，常常宅在家里，所以穿衣上也就有了许多的选择性。

有一次，唐思思路过房地产公司的门口，看到售楼小姐穿着正装非常漂亮，自己也很想穿，于是，她来到了服装市场，很快就找到了一件跟售楼小姐的样式差不多的衣服。唐思思将它穿在身上，感觉似乎紧束了好多，而平日的她活蹦乱跳，奔放不羁，穿上这件衣服，如果不苟言笑，或者淡然一笑，那的确很美，但如果表现出自己的真正性格，只会让别人觉得别扭。于是，唐思思脱下了这件衣服，转而把目光投到了其他的衣服上。

选择衣服的时候，我们通常要试穿，站在试衣镜前看看穿着这件衣服在镜子里的效果如何，其实，试穿是为了确认一下衣服是否合身，而照镜子则是为了看穿在身上的效果是否理想。因为很多衣服，虽然看上去很漂亮，但是未必符合自己的气质。所以，衣服合适也是非常重要的，否则，就会起到相反的效果，就像20岁的人不会去穿50

岁的人穿的衣服，50岁的人也不会穿20岁的人穿的衣服。

**穿衣要看场合**

谭斐的同事在家里举行晚宴，而她也在被邀请之列，她感到非常庆幸，一下了班就赶紧补妆，而且在晚宴开始之前赶到了现场。来这里的男男女女们都非常潇洒漂亮，尤其是美女们在晚礼服的衬托下更是光彩照人，而谭斐却穿着一身工作装，与这个环境相当不协调。

什么场合穿什么衣服，这样才会符合环境与氛围，让自己更有风度，比如，如果去爬山的话，穿上薄纱长裙与高跟鞋固然漂亮，但是明显不合适，因为爬山需要利索干练的装束，穿高跟鞋肯定会很不方便，而且又累又不安全。同理，如果是出席舞会，穿一身运动装就难免让人觉得没有品位了，不但不会让人觉得你利索，反而会让人觉得你不懂礼貌。因此，在什么场合穿什么衣服，这样才更能显现出一个女人的优雅来。

# 第七章

## 讲究礼仪，有礼有节的女人方显良好修养

中国自古就有礼仪之邦的美誉。小到一个人，大到一个国家，注重礼仪都有着非常重要的意义。对于女人而言，讲究礼节才更能显示出自身的修养，了解出入不同场合所需的礼仪，知道各种礼仪所注重的内容与禁忌，会让自己的行为更加得体，也会让自己的形象更加丰满。

# 注重礼仪是女人的一种修养

女人的修养所涵盖的内容方方面面，各种良好的品质都能让女人的精神境界进入一个新的层面，而与人交往，注重礼仪则是一个非常重要的方面，对能否建立良好的人际关系有着决定作用。一个粗鲁无礼的女人难以获得别人的倾慕，一个不知礼数的女人总是让人心生厌恶，而一个有礼有节的女人则在言谈举止间尽显自己的大方，无不展现出自己的魅力。出入各种场合，讲究所对应的礼仪，可以让自己的形象更加鲜明，更加完美。

女人追求形象美，追求内外兼美，就应该注意自己的一言一行，一举一动。美不只是将自己修饰得如花瓶般美丽，还要加之以大方、雅致、遵守礼仪等多方面的修养，才会让女人的形象更加完美。

**注重礼仪，让自身形象更加丰满**

女人的美往往是双重的，一是静止的，二是动态的。所谓静止的美，是指一个女人从外观上给人的感觉，这跟女人的面容是否整洁、衣着是否得体有关，也跟女人的气质有关。而女人动态的美，则是指她在待人接物过程中所体现出来的品质。一个有着良好的思想品质、懂礼仪、识大体的女人，才能经得住这双重美的考验。有时候，我们对一个女人的第一印象是“美女”，而第一印象，通常是由女人的相貌与着装决定的；但是随着交往的深入，却已经不愿意再去承认她是个美女，这往往跟她日常的品行有关。那些不耐看的美女，往往是在与人交往的过程中不懂得尊重他人的人，而那些越看越美的女人，注重礼仪，在意自身的形象，也会在乎别人的感受。因此，注重礼仪能够由内而外地渗透出一种美，能够让自身形象更加丰满。

**注重礼仪，让身边的人更加舒畅**

没有人喜欢粗俗无礼的女人，也没有人喜欢过分地不拘小节，甚至完全忽略了礼仪的存在的女人。粗俗不堪总会让身边的人感觉到不适，而不拘礼数则会被人看为不礼貌的行为，更是不受欢迎的。注重礼仪，是对自己的一种尊重，更是对身边人的尊重，出入各种场合，讲究适当的礼仪，会让别人耳目一新，而不是暴露自己的浅拙，让人避之唯恐不及。

一个彬彬有礼的女人，总能让身边的人感觉如沐春风，她的一笑一颦都散发着魅力，身边的人也会感觉到舒畅；而一个毫无礼数的女人，只会让人敬而远之，更别提去欣赏和发掘她身上的内在美了。可见，注重礼仪不但能让女人更加美丽多姿，也让身边的人更加舒畅。

**注重礼仪，让场面气氛更加和谐**

女人追求美与自由都是值得赞扬的，但是在什么样的场合，就要追求什么样的美，倘若自己美的形象与场面气氛相去甚远，恐怕只会给人不协调的感觉，更不要说美感了，因此，从某种意义上说，女人所追求的自由也是应该有限度的，而与现实相搭配的美才会美得到位，更衬托出女人的气质。能够在什么样的场合就讲究什么礼仪的女

人，她们所具备的气质让自己更加美丽，而她们能够将自己融合于这个场面之中，也是促进了这个场面的和谐。相反，那些行为与场合相悖的女人，并不能因此获得取悦众人的效果，只会贻笑大方。

**注重礼仪，让你获得好礼遇**

女人注重礼仪是有修养的表现，也会让自己更加富有气质。一个能够注重礼仪的人，往往是在什么场合都能够礼数到位的人，而女人的彬彬有礼会给别人留下极好的印象，甚至无意中为自己争取到很多机遇。在职场中，能够获得领导赏识的人，往往不是那些专业能力强却不懂礼数的人。获得机遇并不只是靠过硬的专业能力，也要通过其他方面来展示自己，能够注重礼仪的女人，除了能够为自己争取到机遇之外，也会把握好机遇，在人生的竞争中展现出自己最优秀的一面，并且获得别人的尊敬。因此，女人懂得讲究礼仪，不但会在职场中获得好礼遇，也会让自己的人生大放异彩。

# 彬彬有礼让你大受欢迎

礼者，接之以礼也；貌者，颜色和顺，有乐贤之容。礼衰，不敬也；貌衰，不悦也。有礼貌的人通常会受到大家的欢迎，彬彬有礼是受人尊重和赏识的前提之一。随着现代社会男女平等意识的加强，女性不断介入社会生活，各种交际礼仪也开始适用于广大女性，掌握各种礼仪知识不但能够完善自己的修养，也能帮助自己建立起各种良好的社会关系。

礼貌是和谐的人际交往的要素，当别人获得你的尊重时，才会乐意与你交往与合作，而你往往也希望身边的人能够懂礼貌，讲礼数。一个有修养的女人不会有粗俗不堪的举止，在人际交往中，过分随意的粗俗、失礼是对他人的失敬，也是一种缺乏教养的体现。不以礼待人，自己也不会得到他人的重视和关注，所以倘若有时不受人欢迎，就需要反思一下个中原因，自己是否存在失礼之处。社会交往的一大前提就是要有礼貌、知礼数，懂得在各种场合中讲究不同的礼仪，以适度体面的举止对待他人，这样做能够让你成为众人眼中充满魅力的“明星”，才可以更舒畅地与他人交流，取得社交的成功。

众所周知，有良好的人际关系是家庭、事业等人生课题中不可缺少的重要部分，而具备彬彬有礼的气质和修养是建立良好和谐人际关系的条件。所以，经常提升自己，学习他人身上优良的品质，提高自

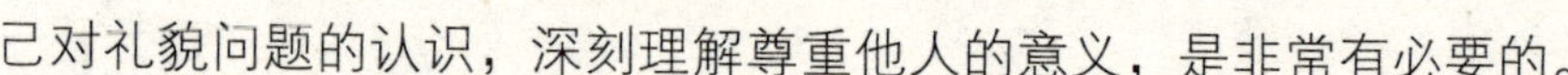

己对礼貌问题的认识，深刻理解尊重他人的意义，是非常有必要的。

紫萱是一位追求进步的女孩，而她所追求的进步是狭隘的，其目的是想获得别人的关注，成为焦点，满足自己的虚荣心。为了能够更加出众，她不断充实自己，除了给自己买大量的化妆品与名牌服饰来点缀自己之外，也常常通过看书来扩展自己的知识，当很多东西别人不懂，自己却能说得头头是道的时候，她就会很自豪。然而，正是因为她只想通过自己单方面的表现来获得别人的好感，结果忽略了与别人互动时所应注意的一些问题，甚至从来没有考虑过应该如何与人相处才会更加礼貌，才能让别人乐意接受自己。

一次，有位同事举办宴会，主宾是这位同事的一位留学归来的同学。宴会是一个比较隆重的场合，大家都彬彬有礼，展现出自己最客气、最尊重别人的风度，而紫萱却是个例外。紫萱在宴会上不顾自己的身份，既无尊重他人之心，也没有一点纪律的约束。她高谈阔论，时刻卖弄自己的才华，希望借此成为宴会的焦点，可是大家对她并无好感，甚至感觉到她有些浅薄。

讲究礼仪是有修养的女人必备的一项素质。不讲礼仪的人往往会在很多场合不知轻重，难以受到别人的欢迎，甚至很难在社会上立足，因此，当你有志于提高自己修养的时候，也要注意讲究礼仪，不要在追求完美的过程中因为忽略了礼仪而让自己有了瑕疵。

讲究礼仪，会让你身边的人觉得你有品位，并且愿意与你深交，参加宴会也是结交朋友、建立人缘的好机会，但是如果你在宴会上不拘一格，我行我素，恐怕没有人愿意与你走得更近；如果你能循规蹈矩，风度优雅，则更能展示你的千般妩媚，万种柔情，从而使别人对你产生好感。

# 有“礼”的女人才有“利”

人生活在社会上，必然与他人存在互动，而能够以识礼数、讲礼貌为互动基础的女人则会更受欢迎，甚至因此而获得更多的机遇，使事业早日成功，使人生更加辉煌。不管是哪个成功的女人，就算她有再强的专业能力，也需要与别人精诚合作，与人共处。识礼数、讲礼貌的女人能够做到对他人足够的尊重，言语举止做得足够好，适当注意自己的言辞给他人带来的感受，在表达上用词恰当，而不是将自己的观点强加于别人。与这样的女人交流，能够让人感到公平客观，并乐于接受她们的意见。这样的女人举止得体而不显拘谨，不会因为过度随意而让对方感到尴尬和窘迫。

摒弃了不知礼仪与不守礼仪的坏习惯，人际交往的效率会得到很大的提升，并给对方留下良好而深刻的印象，获得出色的评价，透过礼仪的表现更加让对方了解你的修养和知识能力。女人的礼貌习惯与专业能力等一起组成了女人的外在形象，超越了简单的“漂亮”，让自身的形象更加丰满完整起来。讲究礼仪为女人打下了值得信赖和与之交往的基础，而持之以恒的礼仪修养会逐步提升女人自己，同时也给别人留下美好的印象，从而为事业和生活迈向更大的成功奠定基础。

小春是一位知书达理的女性，虽然刚刚步入社会，很多礼数掌握

得并不全面，但是她一直很努力地去要求自己做一个识大体、讲礼仪的女孩。她常常听一些关于礼仪修养的讲座，并且将自己学到的东西应用到现实中去，力求表现得最好。

小春的经理是一位非常大方的人，这次谈成了一个很大的项目，拿到项目款之后，他举办了庆功宴，请了公司所有的同事，小春也在其列。小春在家里精心准备了一番，化了一个精致的妆，穿上一件合身的礼服，在宴会开始前七八分钟到达了现场，并跟迎接她的人热情地打招呼。席间，小春一直优雅得体，含蓄有礼。有的人在酒席上高谈阔论，而小春跟别人交谈的时候既不会太喧闹，也不会总是扯个没完。整个宴会上，小春都非常注意自己的姿态，时刻保持着优雅与端庄，她的美具有一种征服的美丽，有着一种无声胜有声的魄力。宴会结束之后，小春热情地跟同事们打招呼道别，当然也没有忘了向经理致谢并辞行。

很多参加宴会的人，总是海吃海喝之后就离席而去，一声交代都没有，而小春则给经理留下了很深的印象，她在席间的一举一动都是那么的合理而大方，她的行为洋溢着一种说不出来的美感。因为公司的人比较多，经理以前并没有注意到小春这个人，但是从这次宴会之后，他就开始关注起小春来。他发现小春不但在工作中勤恳，而且很有头脑，她为人不错，在公司的人缘也很好。于是，经理开始有意地栽培她。在经理的栽培之下，小春省去了很多自己摸索的麻烦，少走了很多弯路，再加上自己的刻苦努力，她的专业能力与业务水准很快就迈上了一个新的台阶。

小春在提高自己业务能力的过程中，也不忘继续提高自己的修养，以前注意的一些细节，她现在一样注意。而且在成长的过程中，她积累了更多的礼仪知识，让自己不会失礼于人前。渐渐地，有很多洽谈生意的事情，经理都会交给她去做，这让小春得到了很好的锻炼，并且成为公司的业务骨干。

也许小春不曾想到，自己之所以能够脱颖而出，是源于自己在宴会上的表现引起了经理的注意。其实，生活中有许许多多的事情，谁也没法预料到底是哪件事情能够起决定性的作用，那么，这就需要我们做好每一件事情，尽量把握好人生中的每一次机遇。懂礼仪是一个不可忽略的方面，做一个讲礼仪的女人，才会让自己成为一颗璀璨的明珠，时刻散发光彩；做一个讲礼仪的女人，才会收获更多有利于自身发展的机会，才会离成功更近一步。

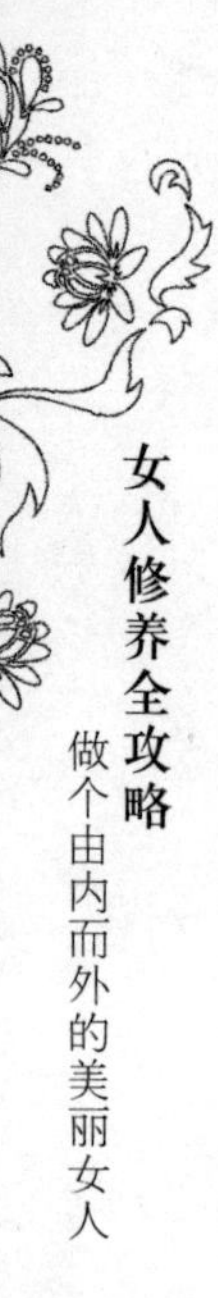



# 懂礼仪才能把握机遇

交际礼仪是女人事业当中的一门重要的课程，现在是一个讲究合作互惠的时代，我们无论做什么事情都需要别人提供指点和帮助，或者共同完成某一个课题和任务等。这些就要求人不光要有足够的智商，还需要有一定的情商，而情商的前提之一就是要有良好的礼仪修养。礼仪能够叩开人际交往的大门，打好入门的基础才能够深入了解你的伙伴和朋友，在此基础之上我们才能够保证与人正常的良好的交往。

在职业工作中建立良好的个人和团体形象，能够增加彼此的信任，扩大事业的发展面。日常生活当中深化与他人的良好关系，可以更好地与人沟通协作，通过继续的深入，彼此间甚至可以开出友谊之花，成为好朋友、好伙伴，不光丰富自己的生活，也能在遇到问题时互相帮助，从而获得生活和工作中更多更好的机遇。然而，建立良好的人际关系，首先需要的就是掌握与人交往的各种礼仪。

机遇总是垂青有准备的人，而懂礼仪的人则能够更好地把握好这个机遇，并以此为跳板，登上事业与人生的又一个起点。在同等专业能力的条件下，一个懂礼仪的女人往往会获得更多的机遇，更容易获得美好的爱情，在工作中也往往能够争取到晋升的机会。

舒岚应聘到一家公司上班，因为这家公司走的是遍地开花的模式，所以内部的人才流动性非常大，与此相对应，员工们升迁的机会也比较多，然而，能来这里工作的员工都比较出色，要在这么多人中脱颖而出实非易事，而舒岚却在极短的时间内得到了升迁。说起来，舒岚获得这次机遇有些巧合。

一次，经理需要列席一个重要的会议，通常他都是带着自己的秘书一起参加的。秘书知书达理，不但工作做得好，而且很有淑女风范，每次经理带上她，都觉得比较有面子。然而这次，秘书请了为期两周的婚假，不能跟经理一起出席，但是他需要带一个人到会场帮自己做一些工作，所以只能从公司现有的人员中选一名临时秘书。由于从没有带过别人，经理有些担心她们会做得不到位，甚至会出现失礼的现象，所以，在最后拟定的三名工作人员中，经理进行了考核。而他的考题不难，就是出席一些场合所需要的礼仪。因为只有舒岚能够回答得头头是道，经理也就自然而然地带她出席了这次会议。

在会议上，舒岚认真地帮经理做着记录，她将内容整理得条理而清晰。当然，在会场上，她也很注意自己的姿势，且时刻保持着精神饱满的状态。另外，在入席与退出的时候，她都做得十分到位。舒岚不只借助这个机会突显了自己的工作能力，也展示了自己的个人魅力，让经理对她留下了讲究礼仪、工作认真等良好的印象。日后又有一些工作机会，经理便给舒岚提供了优先权。舒岚也总是能够把握住每一次机会，充分发挥个人能力，最终争取到了一个更适合自己发展的平台。

有的女人总是能够让人过目不忘，她们往往身上带有特殊的气质，她们内涵丰富，有素质，有教养，在日常生活中能够尊重他人，理解他人，而在不同的场合，她们也能讲究礼仪。她们有着渊博的知

识，知道如何更好地生活、如何更好地工作，也熟悉各种礼仪，而且会把这些内容应用到现实当中去。一个能给别人留下深刻印象的女人，往往会无意中被别人记起，甚至会因此而获得更多的机遇。

有的女人常常抱怨自己命不好，为什么别人能被一个好男人所看中、所欣赏，她们不但有个好的家庭，而且事业也是蒸蒸日上，而自己却一样都得不到。在对比自己与别人所获得的东西有什么不同的时候，请多多思量一下有什么是别人做到了，而你没有做到的。一个招人疼爱的女人必然有其自身的优点，而一个取得事业成功的女人也必然有其不同于一般人之处。虽然同为女人，可是女人与女人却有着很大的区别，尤其是在礼仪方面，讲究礼仪，有礼有节，方显女人的良好修养，而具备了这种修养，也就能水到渠成地获得各种机遇。

# 握手，让修养从掌心流出

握手，是一种在社交场合司空见惯的礼仪。然而，就这么一个平常的动作，却能够让人与人之间更好地沟通、交流、增进了解。

握手传达着多种信息。两个人在见面时，通常都会面带微笑，伸出手与对方相握，以表示对对方的欢迎、友好、问候、敬重或慰问；离别时互握的双手代表对彼此的留恋与祝福等。此外，握手还表示祝贺、拜托、致谢、和解之意。

可以说，握手是国际上通用的交际礼仪。但是，握手时一些需要注意的细节却不是每个人都知道的，尤其是女性，如果握手的细节做得不到位，不仅会给人一种不礼貌的感觉，而且可能会造成一些误会。

**比较通用的正确握手方式**

身体距离对方约一步左右，双腿立正，上身微微前倾，头微低，右臂自然前伸与身体成50°~60°，伸右手，四指并拢，指尖稍向下，拇指自然向上张开，在齐腰的高度握住对方的手，伸手不可太僵硬，应稍带角度。接触后，便应轻放拇指，与其余四指包住对方的手掌。

**握手要讲究先后顺序**

一般是主方、身份或辈分高的先伸手，而另一方要待对方伸出

手后再握手。握手的时候要面带笑容，身体前倾，或用双手握对方的手，以表示尊重。异性之间握手，一般会由女性先伸出手来，男性才可以与之相握，如果女性只是点头示意，男性也应以点头相回应。作为女性，在交际中，如果想向对方表示自己的友好，可以主动伸出手与对方握手，以显示你的真诚和友好。对于长辈或比自己身份、地位高的人，要视与对方的亲密程度来决定自己是否先伸手与对方相握。

**表情要到位**

与人握手时应面含笑意，注视对方的双眼，神态要专注、热情、友好而自然。可以在握手时说“你好”、“欢迎光临”、“久仰久仰”、“见到你真高兴”等礼貌用语。女性在与人握手时，无论是哪方先伸出手，你都要保持真诚的态度和微笑的表情。一个自然的微笑，可以表达你的真诚，从而拉近你与对方之间的距离。在与别人握手时，如果面无表情或者表情冷漠，就会引起对方的不快，最终影响相互之间的交流。

**握手时的力度**

与人握手时的力度往往传递着你的感情信息，大多数情况下，关系亲密一些的人，握手的力度会更大一些。双方在手接触的一瞬间，有力的一握，表示对对方的信任和尊重，还可以表达你们之间关系的亲密程度非同一般。但是，在面对陌生人时，握手的力度不可过大，力度过大，对方往往会感觉你的热情有些过度，无法承受，或者对方会怀疑你可能另有目的，这样往往会引起对方的反感。相反，握手的力度过轻，则会让人有敷衍的感觉，觉得你对对方不够尊重和重视，同样也会给别人造成不好的印象。

对于女性而言，如果不是特别亲密的人，要注意握手时不要力度太大，只要表达出自己的诚意就可以了；但也不要太轻，让对方认为你在敷衍。

**握手时间**

双方握手，时间不宜太长，也不宜太短，一般在3~6秒，根据具体情况随机应变。女性在和异性握手时，时间要短，一般在1~3秒，一般有教养的男士也会掌握好这个时间。

另外，如果遇到人数较多的情况，则只要跟较近的几个人握手即可，对其他人则可点头示意或微微鞠躬。为了避免让自己陷入尴尬，在主动与人握手前，要确定一下自己是否受欢迎，倘若明显感觉对方没有要握手之意，那就别伸出你的手了，点头致意或微鞠躬即可。最后需要注意的是，与人握手时不要戴着手套或墨镜，不过作为女性，在社交场合可以戴着薄纱手套握手。也不要在握手时把另外一只手插在衣服的口袋里或拿着东西。

握手的这些禁忌并不是以故意束缚人为目的的，最终的目的是为了让对方有一个愉快的体验。坚定、有力地握手能够让对方感觉到能够做决定、可以承担风险，最为关键的是能够担起责任；诚挚、热情、友善地握手，则能够让对方感觉到你对他的欢迎。女人应当灵活地掌握与运用握手的礼仪，恰当得体地展示自己礼貌待人的良好修养。

# 女人与花，鲜花礼仪在心中

每一种花都有自己的花语，不同的花代表着不同的含义，也会适用于不同的场合。在日常生活中，我们常常需要送花，那么，送花的时候，要参详各种花所代表的内涵，并了解不同民族之间对于鲜花的避忌。在不同的场合，送不同的人都要用与之相对应的花，这样鲜花才能够恰到好处地表达出你的心意。鲜花只有配上恰当的礼仪，才能够起到更好的作用，这样送花的人高兴，收到花的人也会开心。

送给母亲的花，康乃馨是首选，而送给父亲的花，则应首选石斛兰。康乃馨象征慈祥、真挚与母爱，而素称“父亲之花”的石斛兰则具有刚毅之美，代表着父爱、喜悦、能力与欢迎。因此，在母亲节的时候以及你想向母亲表达情感的时候，可以选一束康乃馨作为礼物。红色祝母亲健康长寿，桃色祝母亲年轻美丽，但是切记白色康乃馨除了代表纯洁友谊之外，也有对已故母亲的追悼之意，所以万万不可选错了花色。此外，代表忘忧的金针花也可以作为送给母亲的礼物。而在父亲节或者父亲生日的时候，可以送上一束石斛兰，代表着对父亲的尊敬与热爱，也是对父亲正直勇敢与慈爱的赞美，更是表达了儿女对父亲的深深爱意。给父母送花，不但是一种体贴孝顺的表现，花朵所带有的含义，所特有的芳香，也会让父母欢乐开怀。

情侣之间送花，我们最先想到的会是玫瑰，红玫瑰象征着热恋，是浓情蜜意的表达，而不同数量的玫瑰又代表着不同的含义：一朵代表“我的心中只有你”，两朵代表“这个世界只有我们俩”，三朵代表“我爱你”，十朵代表“十全十美”，九十九朵代表“天长地久”，一百朵代表“百分之百的爱”。而情侣之间也可以送代表博爱体贴的郁金香，代表不变的爱的洋桔梗，代表真心喜欢的满天星等。爱情都是浪漫而美好的，用鲜花来点缀，会让爱情更加芳香浓郁。花朵是传情达爱的天使，让它来替你说出心中的爱恋，会让彼此间的爱更加甜美。

朋友之间有时候也需要通过送花来传情达意，增进感情，而比较适用于赠送给朋友的花有象征深刻友谊的黄色夹竹桃与黄色康乃馨，以及勿忘我、刺槐花等。如果是在朋友生日的时候，可以送上一盆盆栽，既代表友谊的长存，也表达了对朋友的祝福。

不同的鲜花用于不同的场合，也会有不同的含义，倘若是探病时送给别人一束花，那么不但表达了自己的关切之情，也会让对方心情舒畅。探病是为了表达对对方的关怀与慰问，因此清新淡雅的花朵会更加适宜，而香气浓烈与颜色鲜艳的花朵则不适合，此时，可以选择唐菖蒲、玫瑰、兰花、六出花、金橘及康乃馨等。另外，还可选择香石竹、月季花、水仙花、兰花等，配以文竹、满天星或石松，表达祝愿对方早日康复之意。

让鲜花说出我们的祝福，是一种浪漫而美好的事情，除了送不同的人要选用不同的花之外，也要注意一些送花的避忌。在不同的国度，鲜花所代表的内容是不同的，因此，送花也要“入乡随俗”。比如，黄色的花朵在法国被视为不忠诚的表示，而菊花在意大利与西班牙及拉美各国被视为妖花，德国人视郁金香为没有感情的表示等，而

不将菊花、杜鹃、石竹和黄色的花送给客人已成为国际惯例。所以，送花的时候也要了解一些需要避讳的问题，这样才能让送花变得更加美好和谐，而不至于引起不良后果。

送花是为了表达美好的祝愿，如果因为不了解送花的礼仪知识而引起误会和尴尬的局面，出现弄巧成拙的状况就不好了。女人爱花，希望花儿能承载自己的情感和友谊，向亲人与朋友表达自己的意愿，这种心情完全能够被人理解，但不同的花朵所具备的人文含义已经形成了传统，不同的鲜花有不同的意义，这就要引起广大女士们的关注了。对于女人而言，了解鲜花或者送花方面的知识能更好地提高自己的文化素养和礼仪修养，让一朵朵鲜花体现出女人的美丽！

# 女人与酒会，举手投足显修养

中国自古以来就有饮酒为宴的习惯，在现代社会，酒宴已经成为一件必不可少的事情，或拉近感情，或洽谈生意，或庆祝生日，或庆功等，往往都会通过酒宴的方式。酒宴作为一种比较正式的场合，也有很多讲究，而讲究礼仪的人往往会更受大家的欢迎。

女人常常会参加一些酒宴，或者作为个人参加酒宴，或者陪同领导参加，而酒宴也是比较正式的社交场合，是商务礼仪交往中最重要的核心部分。出席酒宴注重礼仪，行为得体，不但可以让自己的魅力尽显，也会取得良好的商务效果。

女人参加酒宴，要先做好前期准备，比如，你要出席的酒宴是什么性质的，要准备与之相应的着装；赴宴要准时，不可太早，也要避免迟到。了解此次酒宴的目的，是属朋友聚会，还是与客户饮宴等，只有准备得充分，才能表现得出色。

而来到酒宴现场，则要彬彬有礼，见到主人要上前打招呼，见到一同参加酒宴的人，也要展现出你热情的一面。另外要遵循一些成文与不成文的规矩，才能将自己的魅力展现出来。一个有修养的女人应该注意酒席上的考究以及一些应该避讳的问题，这样才会让自己愉快，也不至于给别人带来不快。

第一，酒席上的座位安排有考究，尤其是主宾和主陪的位置比

较重要，因为座次是属于约定俗成的，所以，不同地方存在一定的差异，因此在酒席上要根据当地的情况具体安排，找准属于自己的位置，而不要抢占了属于别人的位置，这样既能显示出自己的涵养，又表达了对别人的尊敬。

第二，在酒席上，会出现敬酒的情况，而敬酒也要礼数到位。在酒席上，大家追求的是共饮之乐，未必是不醉不归，因此，在饮酒的快慢与多少上都要有所讲究。与别人碰杯的时候，杯沿要低于别人的杯沿一点，以示尊敬；而敬酒的时候通常要按照时针的顺序，不要厚此薄彼；在敬酒的时候要说祝酒词，表达自己的心意。

第三，在酒席上不可以自我为中心。女人总是希望得到关注，但是切不可因为这种心理而在酒桌上炫耀自己，为了显示自己的酒量大而不配合整个酒席的节奏是不礼貌的，而在酒桌上高谈阔论也是不得体的行为。尤其是要注意自己的酒量，不要因为饮酒过度而酒后失态失言，否则只会影响自己的形象。

第四，酒席上也需要礼貌。在酒席上，夹菜的时候不要从盘子的中心夹，而是从靠近自己的边沿开始；要注意胳膊的伸缩范围，避免因为动作的幅度而碰到身边的人。如果在饮宴期间手机响起，要跟大家说一声抱歉，然后到外面接听电话，不要在酒席上大声接电话，让一桌人都在等你，甚至因为声音太洪亮而影响到别人。在别人向自己敬酒的时候，要及时配合并表示谢意。

第五，离席时要客气而礼貌。一场让人难忘的酒席应该开始默契，中间和谐，到结束时也要保持着热情，这不仅需要主人的热情客气，也需要客人的配合。在离席的时候，应该跟主人道别，感谢主人的款待，同时注意跟其他人打招呼，方显自己的礼貌得体。而出门之后，也一样要注意自己的形象，切不可在酒席上文质彬彬，离开酒席就开始东倒西歪，不在意自己的形象。

女人的美，在于她的言行举止。注意自己的形象，具备良好的品质，知书而能识礼者，往往会让人觉得她臻于完美。讲究礼仪不但是女人有修养的体现，也是融入现代社会的必然要求。在各种场合讲究得体的礼仪，会让别人对你留下深刻的印象，以欣赏的眼光看待你。相反，出入各种场合完全不在意礼节，我行我素，不但不能够很好地配合场面的气氛，让他人感觉到不悦，而且也会引起他人的反感，被别人视为这是没有教养的表现。因此，当女人出席酒会的时候，一定要注重各方面的修养，这样才会让气氛更加温馨和谐，而自己也会获得别人的称赞。

# 女人与宴会，得体的礼仪成就迷人风景

宴会是一种层次比较高的礼仪形式，能够促进社交，巩固关系，发展人缘，展示自我……女人是宴会中一道靓丽的风景，穿着得体、举止大方的女人往往能够成为宴会中的亮点，因此，不论是宴请别人，还是赴宴，都要讲究礼仪，才能够让自己成为一道迷人的风景线。

**宴请别人**

宴请别人时，首先要做好宴请的准备，确定好宴会的时间与地点，并提前一两周发出邀请，以便让对方作出安排与答复。宴请别人便要尽到主人之谊，在接待客人的过程中要积极主动，让客人宾至如归。

迎宾：迎宾是一项非常重要的工作，客人来的时候，不应让其产生受到冷落的感觉。主人应在门口迎接客人，并热情地与之握手，不但尽到了礼仪之分，也让客人感觉到温暖。而对于一些比较高规格的宾朋，则应组织迎宾线，即让相关负责人到门口列队欢迎。

引导入席：主人应请客人走在自己右侧上手的位置，带其入席，主人陪主宾入席，接待人员引导其他人入席后，宴会即可开始，而在宴会正式开始之前，则可以用饮料招呼客人。

致辞与祝酒：按照我国的传统习惯，通常在宴会开始之前讲话，祝酒，客人致答谢词。在致辞时，全场人应该停止一切活动，认真聆听致辞人的讲话，并以饮酒碰杯作为响应。

服务顺序：服务人员侍应，要从女主宾开始，没有女主宾的，从男主宾开始，接着是女主人或男主人，由此向顺时针方向进行。规格高的，由两名服务员侍应，一个按顺序进行，另一个从第二主人右侧的第二主宾至男主宾前一位止。

斟酒：斟酒时应在客人右侧，而上菜要在客人左侧。斟酒只需至酒杯的三分之二即可。

用餐：用餐时，主人应努力使宴会的气氛融洽，活泼有趣，要不时地找话题进行交谈，还要注意主宾用餐时的喜好，掌握用餐的速度。

送别：客人用餐完毕，吃完水果后，在客人告辞时，主人应热情送别，感谢他的光临。

### 赴宴礼仪

作为出席宴会的客人，应当积极地配合主人，才能让气氛更加融洽，宴会更加圆满。

应邀：接到主人的邀请后，不管能不能赴约，都应该尽早作出答复。倘若不能应邀出席，应当婉言谢绝，而能够接受邀请，则应向主人表达谢意，并且安排好自己的日程，不要随意变动，按时出席。假如遇到特殊情况，不能按约定前去，要提前解释，并深致歉意。作为主宾不能如约的，更应郑重其事，甚至登门解释、致歉。

掌握到达时间：迟到本是一件很不礼貌的事情，而在赴宴这种隆重的场合上迟到无疑是非常失礼的，因此，要及时到达，但是也不可去得过早，去早了主人尚未准备好，难免尴尬，也不得体。

抵达：主人迎来握手，应及时向前响应，并向主人问好致意。

赠花：按当地习惯，可送鲜花或花篮。

入席：在服务人员的引导下入座。注意在自己的座位入座，不要坐错了位置。

姿态：坐姿要自然而端正，不要太僵硬，以免显得刻板。也不要往后倒靠在椅背上，否则会显得太随便。肘不要放在餐桌上，手不要托腮。眼光随势而动，不要紧盯菜盘。姿态得体，既能与宴会的气氛相搭配，又能显示出个人的素养。

餐巾：当主人拿起餐巾时，自己便也可以拿起餐巾，打开放在腿上。千万不要出现将餐巾别在领口、挂在胸前的行为，在宴会上出现这样的行为是相当不得体的。餐巾是用来防止菜汤滴在身上和用来擦拭嘴角的，不可用来擦餐具，更不要用来擦脖子和抹脸。

进餐：进餐时要文明、从容，切不可自顾自地大吃一通，而要注意姿态与方式会不会失礼于人前。进餐时应闭着嘴细嚼慢咽，不要发出声音，喝汤要轻啜，对热菜热汤不要用嘴去吹。骨头、鱼刺要吐到筷子上、叉子上，再放入骨盘。嘴里有食物时不要说话，剔牙时，用手遮住。就餐时，不得解开纽扣，松开领带。

交谈：边吃边谈是宴会的重要形式，应当主动与同桌人交谈，特别注意同主人方面的人交谈，不要总是和自己熟悉的人谈话。话题要轻松、高雅、有趣，能够引起众人的兴趣，切不可涉及对方敏感、忌讳的问题，以免引起不快，也不要对宴会和饭菜妄加评论。

退席：用餐完毕，应起立向主人道谢告辞。

不管是家庭便宴还是正式宴，都要充分地尊重。讲究礼仪，行为得体，举止大方，才不会有失风范。在宴会上讲礼仪的女人会更好地体现了自身的修养，并受到别人的青睐。

# 第八章

## 培养职业修养，在职场竞争中打造一片天地

我们在职场中拼搏，靠的不只是过硬的专业本领，职业修养在人的职业生涯中也起着不可忽略的作用。一个技术过硬却毫无集体责任感的人，不会受到大家的欢迎，而才华出众却嫉妒别人甚至不择手段进行恶性竞争的人，也难以在职场立足。只有职业修养较高的人，才能在发挥自己才能的同时，让事业一步步地走向巅峰。

# 忠于自己的职业，做就要做好

三百六十行，行行出状元，任何一个行业都有精英。如果你没有取得自己理想中的成绩，先不要着急下结论，而是要先反省一下，自己是否在工作的过程中已经全力以赴。当我们选择了一份工作的时候，就要认真地去做，而不是敷衍了事。从上班的第一分钟起就等下班的那一刻，每隔几分钟看一次表，身在曹营心在汉，脑海中所想的尽是下班以后要做什么……杜绝了这些做法，才能够不浪费光阴，发挥出自己的才能，获得劳动成果。干一行爱一行的人远比爱一行干一行的人容易成功，只有对工作投入自己的热情，才能获得良好的收效。

也许你对现在的工作并不满意，尤其是当看到有些人已经取得了相当的成绩，自己就难免有些心急，但是别人的光环背后也有辛勤的付出，谁都不可能一步登天，一味地怨天尤人并不能得到上天的眷怜，而疏于职守不但不能让你心情愉快，反而可能造成过失。如果你认认真真、踏踏实实，就一定能做得更好，工作成绩也是积累出来的，你的勤恳与兢兢业业会换来相应的成果，也许正是因为你的忠于职守，领导会注意到你的才干，你也有机会为自己争取到一个更大更好的舞台。而这山望着那山高的人只看到了别人的成绩，却忽略了别人付出的辛苦，天天想着改行，却从未认真地去适应一份工作的人，是难以获得成功的。

苏扬在大学里学的是英语专业，而且成绩十分优秀。英语是热门专业，有着良好的就业前景，在老师和同学们的眼里，苏扬是个前途一片光明的女孩。苏扬的姐姐就是一名大学英语老师，工作轻松而体面，苏扬羡慕不已，她希望自己毕业后也能从事教育行业。然而，真正到了选择工作的时候，苏扬却犹豫了。其实，她并没有真正考虑过自己喜欢什么工作，只是因为姐姐的职业岗位让她有了一点兴趣而已。

苏扬的口语比较好，于是经过反复斟酌之后，便决定去一家公司做翻译。她经常接见外宾，洽谈生意，收入也还不错，但是，每天朝九晚五，重复性的工作很快让苏扬感觉到了厌倦。她思来想去，觉得自己还是更适合做自由职业，如果既能有趣味性，又比较自由，那应该更适合自己了。于是，她不顾家人的劝阻，毅然选择了辞职，然后做起了翻译外国小说的工作。

然而，事情并没有想象中的顺利，苏扬并不了解外国小说的行情，她以前也没有尝试过翻译长篇小说，刚开始翻译出来的小说难免有些生硬，当她拿着译稿给身边的人看的时候，并没有人觉得生动，而闭门造车的苏扬不但没有成为一个翻译家，反而把自己搞得很郁闷。接着，苏扬没有去学习翻译小说的技巧，而是再次陷入了考虑这个工作是否适合自己的状态。

有一次，苏扬遇到了一位大学同学，这位同学在一家汽车公司工作，年收入有几十万，虽然他也是英语系的学生，但是从事的工作却与英语没有关系。苏扬觉得以前自己就是非要找跟专业对口的工作，所以才找不到合适的，何不学学这位同学呢？于是，她再一次换了工作，可是并没有取得理想的成绩，一晃两年多过去了，苏扬始终没有

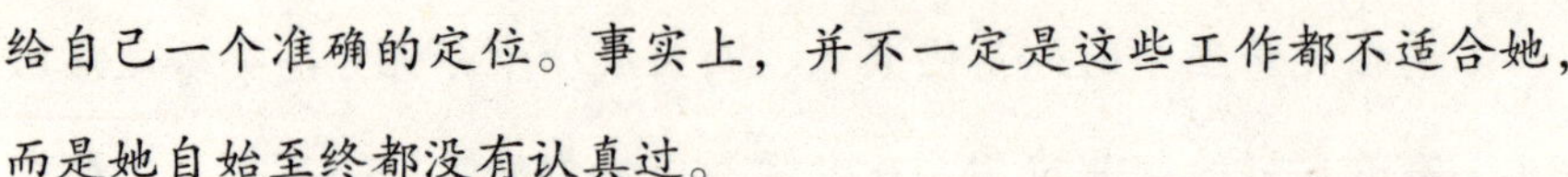
给自己一个准确的定位。事实上，并不一定是这些工作都不适合她，而是她自始至终都没有认真过。

工作不仅仅是我们谋生的手段，它也占据了我们生活的绝大部分时间，所以，能够从工作中获得乐趣的人远比将工作当成一种负担的人要快乐得多。当我们选择了一份工作的时候，就要全力以赴，要么不做，要做就要尽职尽责，而不是每天想着什么样的工作能够赚到更多的钱，什么样的工作更轻松。高收入以及各种你渴望的成果，都是在你付出努力后水到渠成的。

忠于职守是尽职尽责的表现，在其位则谋其职，既然公司给你一个发挥才能的平台，那么就要认真去做，既不要觉得自卑，认为自己不会做出什么成绩，就自暴自弃，也不要在工作的时候三心二意，如果工作不专心，就既做不好工作，又浪费光阴，因此也不会在职场上有所长进。所以，忠于自己的职业，本分地做好工作，才能做得更加出色，从而为事业的腾飞奠定坚实的基础。

# 遇到问题勇于担当不逃避

每个人在职场中的表现都各不相同，有的人兢兢业业，有的人则偷奸耍滑，兢兢业业不是傻，偷奸耍滑也不是聪明，虽然一时间看似不同的工作态度对前途并没有决定性的作用，但是，世间自有公道，天长日久，总会有“吹尽黄沙始得金”的一天，只有勤恳工作的人，才会得到认可，才能把握住机会向前迈进。而所有的员工当中，在职场中遇到事情勇于担当的人才更能得到上司的器重，上司不可能任何事情都亲力亲为，他们一定会把一些重要的事情交给信得过的员工。遇到事情不逃避的人才能够担当重任，获得上司的信赖，在升迁中也具有优先权；而那些遇到麻烦就推脱的人，则难以获得上司的青睐。

在职场中遇到问题，有的人选择沉默，认为只要不说，就没有人知道跟他有关；而有的人则将责任推到别人身上，让别人成为自己的替罪羊。前者只是抱着侥幸心理，如果有一天事情被查出，还是一样要受到谴责，与其这样，不如更坦诚一些，早点承认错误，担当责任。而后者则是一种更加卑劣的手段，就算一时能够得逞，等事情水落石出，只怕会一败涂地，让人敬而远之。

现代的女性，不但在家庭中起着举足轻重的作用，在社会大舞台上也发挥着自己的才能，奉献着自己的劳动，有的人还做出了成绩，成为行业中的佼佼者，而成功的女性所拥有的，并不只是过硬的本

领，她们还具备良好的品质，这样才能受到领导的赏识，在一个集体中树立威信，从而领导好别人。而成功的女性除了具有坚持不懈等品质外，还有一个共同特征，那就是勇于担当。只有勇于担当的人，才能挑得起重担，才能获得别人的信任，并底气十足、踏踏实实地走向一个又一个新的高点。

某公司通常都是经理亲自发工资，这次又到了发工资的日子，经理因为临时有事，就将工资款锁在了抽屉里，然后交代两个员工帮忙代发。下午，大家都兴致勃勃地领完了工资，这两个员工才开始点算自己的工资，却发现缺了五百元，两个人面面相觑：不对啊，领导明明说钱是正好的，怎么现在却不够？

员工甲想，可能是给大家发工资时自己出现了失误，只是他们没有发现罢了；而员工乙则想，总不能帮经理发了工资，最后自己却要赔钱吧。于是，她领了自己那份后就走了，而甲依然在对账，可是依然没有结果。这时候，经理回来了，甲赶忙上前认错，说自己发工资时出现了失误，最后工资缺了五百元，如果对账无果，她愿意用自己的工资补偿；而乙则想，反正有甲扛着，总不能两个人都罚吧。

“哦，对了，我忘记跟你说了，我下午出去的时候，身上的钱不多了，就从员工工资里先拿了五百元，我这次回来，又取了钱，正准备把那五百元送回来。”经理轻描淡写地回答道。

甲心里的一块石头总算落了地，而乙则想，这事既然甲已经担当了，实在没必要再跟经理汇报，如果经理知道她办事不力，恐怕以后对她都有意见了，还不如等经理自己承认拿了钱呢。然而，自从这件事以后，经理对甲开始另眼相看，很多事情都愿意让甲去做，渐渐地，她的细致认真的工作态度也体现了出来，而且她又是个难得的勇于担当责任的人，于是，经理将她升职做了为秘书。而员工乙怎么也没想到，当日自己一同参与了发工资的事情，却因为两个人不同的表现，日后的工作情况也完全不同了，乙依然在原先的岗位上奋斗着，而甲不但升了职，得到了更好的展现才能的平台，待遇也提高了。

人非圣贤，总会有百密一疏的时候，由于自己的粗心以及失误造成不好的后果后，每个人的反应都各不相同，有人想的是怎么去掩饰，有人想的是怎么去补救。其实，工作中需要积极的态度，遇到问题时更需要员工积极的态度。首先，要承认自己的错误，错误的出现总是有原因的，如果认真地思考与总结，则能有效地避免同类问题的再次发生。其次，还要担当责任，如果给公司造成了损失，就要补偿，主动承担责任不但更能激发你的斗志，挖掘你的潜能，也会让上司对你刮目相看。遇到问题的时候，采取消极的态度，不但于事无补，而且会使你意志消沉，即使一时隐瞒过去，也终会是一个心结，更有甚者将责任推到其他人身上，就算当时有人替你顶罪，但是纸终究包不住火，事情败露的那天，你又该如何面对身边的人？只怕出现在你面前的将是比原来更加糟糕的状况。

不逃避责任对女人来说相当重要，女人不是弱者，越是在这时越要有骨气。勇于担当责任的女人是值得歌颂的，她们有端正的态度、负责的精神、积极的情绪以及高尚的品格，就算曾经造成失误，她们也愿意将功补过，在自己获得进步的同时，也让公司减少损失。勇于担当责任的精神很可贵，而拥有这样的员工更是公司的财富。

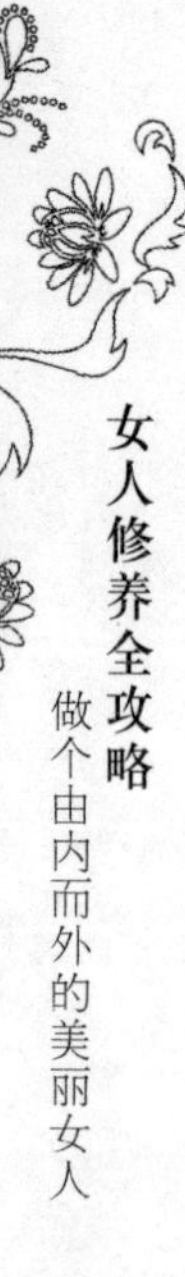



# 杜绝拖延，及时完成手里的工作

工作认真、高效的人会更受到上司的青睐，而那些工作拖拉的人则难免让人生厌，没有人愿意与这样的人共事，上司也不会冒险将重要的工作交给这样的人去做，所以，不能及时完成手里的工作，往往会无意中使自己丢掉了很多发展的机会。相反，那些能够及时完成手中工作的女人，则突显了自身的工作能力。每个时刻都能展示出自己魅力的女人，才会受到上司的重视与同事们的欢迎，也会因此为自己争取到更多的机遇，从而为自己走上成功之路奠定基础。

拖延工作有有心的，也有无心的，有的人比较怠惰，什么事都是能拖一时是一时；而有的人则是本来有完整的计划，可是计划却又被突发的事情打乱，导致工作不能按时完成。这两者都会影响工作的进度，因此，对待工作，首先要有积极的态度，其次，制订计划的时候要有一定的弹性。而且，有空闲时间与精力时就要及时工作，不要觉得反正期限还长着呢，一旦计划被打乱，就可能造成意外的结果。

钊霖是个工作与生活都很有计划的人，正是因为时间安排得合理，所以她看上去永远都是那么轻松。可是这次，她也开始头痛了，就是因为忽略了计划可能会被外界情况打乱。本来，出版社跟她约好了一本书稿，说好两个月完稿，钊霖通常一个月写十多万字不成问题，而这次，稿件只要十万字，这样她就轻松了很多，她计划好了每天写多少，而且还安排出了休息与游玩的时间。刚开始，她总觉得时间还早，不用紧张，而每天少量的工作也让她保持了良好的精神状态，她只求高效，不求高速。转眼间一个月过去了，钊霖已经写好了三万字，虽然完成了还不到一半，但是她想，下个月提一提速度就行了，然而，意外却发生了——钊霖生了一场病，住院两星期，明显耽误了工作的进度。大病初愈的钊霖开始奋笔疾书，每天都累得够呛，想想上个月时间那么宽裕，可是自己却只顾着玩，把工作当成了其次，现在才会这么辛苦。如果刚开始努力一点，即使有点意外，现在也一样可以得心应手。

很多在公司上班的人认为，忙碌一点，会显得自己工作卖力，相反，那些很快将工作做完了然后就开始无所事事的人，会被上司看成不务正业，而上司有额外的事情，也会找这样的员工去做，反正又不多发工资，何必去操那份闲心呢？其实不然，及时完成手里的工作，会让你的精神处于放松的状态，如此养精蓄锐，下一个任务会完成得更好。而且，不要介意上司找你做其他的工作，因为也许平日在上司眼中，你跟其他员工优点一样，缺点也一样，而当他单独交给你一件事情去做的时候，他往往会更加关注你的能力，这些事情往往能成就你的未来，因为以小见大，上司看到你出色的工作能力后，自然会更加器重你。

张璨一向很干练，总是能够及时完成手中的工作，偶尔单位有其他的事情需要找员工做，张璨也会积极地参加，哪怕是一些送点东西的小事。张璨出现的频率高了，难免会引起领导的注意，领导发现，她不但积极完成工作，而且还反复审核工作中是否存在失误，这样，不但不会影响工作的进度，而且还能有效地避免工作中的一些问题。

鉴于张璨出色的工作能力以及认真负责的态度，领导觉得她在现在的岗位上有些大材小用，所以，在公司进行人事调整的时候，领导给张璨安排了新的职务。也许张璨只是觉得早点完成工作会让自己轻松，却没有想到这也奠定了自己升职的基础。

工作中需要积极的态度，如果一味拖延，到最后换来的可能是加班赶工作；但如果因为拖延工作导致了公司的损失，则要自己承担，结果得不偿失。与其这样，还不如在日常工作中表现出端正的工作态度，这既是忠于职守的表现，也能表现出色的工作能力。在赛跑中，我们关注的是用全力去跑的人，工作也如同赛跑，你跑得快，才能获得别人的欣赏。

积极完成手中的工作，是一种良好的职业修养，不但会让自己在完成工作后一身轻松，面对新出现的问题也能得心应手，而且也会给领导留下极好的印象，为你日后的加薪与升职做好铺垫。一个有职业修养的人更容易获得别人的赏识，她们有更多的机会发挥自己的才能，获得事业上进一步的发展。

# 多一点感激，少一些抱怨

别人拥有的，我没有，所以我不高兴，这是相当一部分人的生活态度。其实，你拥有的，别人也未必拥有。所以，有些比较是没有意义的。想要什么，可以通过自己不懈的努力去争取，而一味地抱怨并不能让你获得什么，反而还会浪费时间。一个看得到自己拥有什么，懂得感激的人，远比那些只会哀怨的人要快乐得多。

说到感恩，我们想到的往往是父母，是老师，是朋友，其实，身边的很多人和很多事都值得你去感激。懂得感激别人的人才能让自己更加快乐。如果你有一份还不错的工作，那就要庆幸你不是失业待业人员；如果你觉得自己的薪水还有点少，那就不断提升自己的职业水准，争取做得更好，从而让上司心甘情愿地为你加薪；如果你的同事还不错，那么，你应该庆幸，因为他们和你一起营造了这个和谐的环境，才让你工作得开心愉快。

钟灵是一个乐观的女孩，在很多朋友看来，她简直就是不思进取，可是，谁也没想到，后来的钟灵却已经做出了相当不错的成绩。大学毕业后，钟灵来到一家教育机构当老师，那时候，小城市里这种周末授课的教育机构工资很低，钟灵的同事觉得她从事这项工作有点大材小用了。钟灵则说，没有什么事情是十全十美的，有的工作也许轻松，工资却不高，而有的薪水能达到你的要求，却可能非常地忙

禄。有人认为，钟灵可能只是贪图安逸，所以才选择了这份工作。其实钟灵很喜欢孩子，从事这种教育工作让她感到精神焕发，人生也变得非常有意义。

有人打赌说，钟灵干不了一年就会跳槽，可是一年了，钟灵非但没有跳槽，反而成了这里非常受欢迎的老师。钟灵还自创了一套授课方法，而且，她非常善于观察每个孩子的特点，与孩子们相处非常开心，后来还写了一本有关儿童教育的书。钟灵的出类拔萃得到了这个教育机构的认可，而她也获得了相应的提拔，并且更好地发挥了自己的潜能。

钟灵一开始很感激这家单位容纳了自己，让她能够从事自己喜欢的工作，她没有抱怨薪水太低；工作过程中，她也很感激孩子们对她的喜爱，而没有抱怨他们太调皮甚至顽劣；当自己做出成绩后，她依然很感激公司给她提供了这个平台。像她这样一个懂得感激的人，时刻处于愉悦的状态，当然能更好地施展自己的本领，更快地走向成功。

生活中多一点感激，你会用一颗感恩的心来看待周围的人和事，一个通情达理的人更容易获得别人的喜爱，而你的感激之心也激励着自己不断奋发，走向更加美好的明天。工作中多一点感激，你会看到行业领域的前景，看到自身水平的欠缺，从而更加努力地提高自己，做得更加出色。抱怨是对不满的表达，也许你觉得对于不满的事情不吐不快，然而，即使满口抱怨、满腹牢骚，最终又能起到什么作用呢？到头来不过是让别人对你避而远之，自己也会更加郁闷，所以，换一种心态来看待一切，不但让心情更加明朗，也让你的精神状态更加饱满。

薛颜在一家小单位工作，尽管公司规模不大，可是工资发放及时，而且全勤奖、餐补等各项福利也实施得不错，季度分红跟年终奖也都说得过去。可是，薛颜一直不满足，而她的不满足并没有让她努力奋发，只是整天将对公司的不满挂在嘴上，抱怨公司规模小，抱怨领导目光短浅，做不了大项目，抱怨有的同事水平太差，扯了整个团队的后腿……薛颜的种种表现都被同事们看在眼里，记在心上，结果，薛颜到最后在公司连个说话的人都没有，而爱抱怨的她情绪越来越低落，在工作中再也找不到一点乐趣。

有些人的欲望像个无底洞，对任何事情都希望尽善尽美，可是自己又不去努力，只会发发牢骚，满腹的抱怨让她心情压抑，找不到精神的寄托。其实，这种心态只是自己跟自己过不去，没有什么是完美的，在追求完美的同时，也要多一分感激，看看有多少人与你同舟共济，看看你目前所拥有的一切，要知道，一味地抱怨不但解决不了任何事情，反而会让自己陷入孤独与郁闷的境地。

# 学会与他人分享荣誉

当荣誉的花环降临，每个人都会十分开心，渴望荣誉不是一种虚荣，因为荣誉的背后有你辛勤的付出，有你的汗水与心血。荣誉是对你的工作能力或者艺术特长的一种肯定，能够得到别人的认可自然是一件令人愉快的事情，然而，这些荣誉的背后，也离不开别人的支持，所有的荣誉都不是靠一个人的本领取得的。如果你考上了好的大学，这不仅是因为你的努力，也与父母的鼓励、老师的教导密不可分；如果你在一个单位做出了很好的成绩，那也不只是因为你孺子可教，跟领导为你提供了这个平台以及同事的鼎力合作分不开。因此，学会与他人分享荣誉，你将会获得比荣誉更为宝贵的东西。

有人说，将快乐的事情与别人分享，那么快乐将会变成两份；而将痛苦倾诉于别人，痛苦则将变成一半。荣誉是美好的东西，跟大家一起享受荣誉，你也将会更受大家的欢迎。而那些独占荣誉的人，只会给人一种傲慢的感觉，以自我为中心、无视别人的付出也是对别人的不尊重，这样的人在日后也难以得到别人的全力协作。

梁莹是一个非常谦虚好学的女孩，参加工作之后，她不但努力学习相关知识，也经常向同事们虚心取经。当她的工作经验日益丰富的时候，领导也开始重视她，梁莹积极的工作态度与出色的工作能力让领导刮目相看。不久，她就担任了项目组的组长，她积极采集组员的意见，每次都能制订出非常可行的方案，然后在这个基础上精益求精，为公司创造了良好的经济效益。在公司的年会上，领导特意表扬了梁莹，而梁莹发言的时候，则说了很多感谢组员的话。的确，项目组的成绩不是梁莹一个人做出来的，而是所有人的共同努力，因此，梁莹的做法不但是讲出了事实，没有独揽功劳，而且也让组员们觉得她不是非常功利的人，更愿意配合她的工作了。

当一份荣誉摆在眼前，希望独享这份荣誉的人是自私的，因为荣誉背后包含了很多艰辛的付出，而那些愿意与大家共享荣誉的人，能够保持谦虚，看到所有人共同的努力，这不是刻意的恭维，而是对事实的一种肯定。能够有这种心态的人，不但会获得别人的尊敬，也会在以后的工作中获得更多的支持。而单独将荣誉揽于一身的人，则是对他人的无视，即使能够风光一时，也难以获得长久的荣誉。

筱蕾要代表单位参加知识竞赛了，所有同事都帮忙找以前的竞赛题或者帮她找参考书，为了让她全力准备比赛，领导还刻意少给她安排工作，而其他同事则要代劳。筱蕾本来就有满腹才学，现在又进行了恶补，在竞赛中也不负众望，几次过关斩将之后，她终于把奖杯拿了回来。同事们都向她表示庆贺，大家看着这个奖杯，觉得最近的辛苦的确值得。

然而，第二天，奖杯却不见了。经过询问，同事们才知道，原来筱蕾将奖杯带回了家。看到同事们似乎并不赞成的脸色，筱蕾理直气壮地说：“比赛是我去参加的，夜以继日恶补知识的人是我，难道这个奖杯不该归我所有吗？”

虽然同事们并没有因为奖杯的事情跟筱蕾争吵，可是他们的心中也有了芥蒂。比赛是筱蕾一个人参加的，可是他们也没有少付出，他

们要替筱蕾工作，还要帮她做竞赛的准备，再说，这次竞赛筱蕾是代表公司参加的，她独占奖杯，难免有些自私。

与他人一起分享荣誉，看似是舍，实则是得，这不仅体现了你广阔的胸襟，也展示了你的集体荣誉感，因为你的态度也肯定了别人的劳动，你不希望自己的辛苦付诸东流，别人也一样不希望，所以，共享荣誉能够促进大家关系的和谐，也能够让以后的合作更加默契，进而创造出更好的劳动成果。一个人独享荣誉的果实，这个果实不是非常甜美的，而与别人共享果实，则能够收获对方对你的信任与尊敬，在以后的工作中，别人也愿意助你一臂之力。处在一个互帮互助的团队中，你也会有更多的机会创造新的荣誉，而独占荣誉的人无视他人的付出，以后恐怕会孤掌难鸣，难以取得新的进展。

# 用欣赏的眼光看待别人

每个人都有自己的闪光点，我们不但要发现自己的闪光点，让自己更加充满信心，而且也要用欣赏的眼光去看待别人，只有用这样的态度去看待别人，才能发现他们的优点，学到别人的长处，从而让自己更加出色，也让别人更喜欢你；相反，那些心思狭隘、对别人的优点抱以嫉妒之心的人，不但让自己的心态越来越不健康，时不时就陷入郁闷状态，影响了自己的工作，而且也惹人嫌恶，让别人避之唯恐不及。

发现别人的优点，说明你有敏锐的眼光，如果你有一双伯乐的眼睛，并善于吸收别人的长处，那么你在升职之后就可以更容易地协调员工的工作。成功的领导，他的才华不只是自己的业务能力，他还有一个强项，就是善于发现下属的长处，并且给他一个最合适的岗位，发挥自己的潜能，为公司创造出良好的效益。

在日常生活中，我们经常听到这样一句话，那就是“看问题要一分为二”，也就是说看问题要全面，要有客观地认识问题的精神，对自己身边的人和事物保持客观的态度，对我们会有很大的帮助。多发现别人的优点，不吝惜自己的认可与赞美，并不是所谓的阿谀逢迎，更不是贬低自己，而是为了更好地看清人和事，冷静公平地进行分析评判，并充分调动他人的积极情绪，从而让整个团队更加和谐。每个

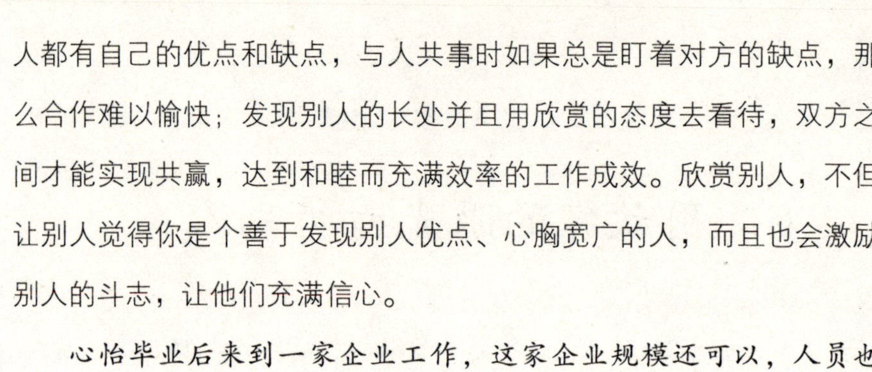

人都有自己的优点和缺点，与人共事时如果总是盯着对方的缺点，那么合作难以愉快；发现别人的长处并且用欣赏的态度去看待，双方之间才能实现共赢，达到和睦而充满效率的工作成效。欣赏别人，不但让别人觉得你是个善于发现别人优点、心胸宽广的人，而且也会激励别人的斗志，让他们充满信心。

心怡毕业后来到一家企业工作，这家企业规模还可以，人员也不少，其中不乏美女靓妹。心怡感觉有些自卑，除了每天埋头工作，她几乎不知道该怎么融入这个集体。心怡的上司是一个三十岁出头的女人，她似乎察觉了心怡的想法，于是有一天，她将心怡叫到了办公室，她说："我发现你写的字挺好的，下午要开会，麻烦你给把这份材料抄到白板上。"

虽然心怡第一次受到上司的派遣，心中难免有些紧张，但是她也有些兴奋，尤其是想到刚才上司说自己的字写得挺好的，尽管在工作过程中，写字好起不到很大的作用，但是这起码是对自己的一种肯定，而上司也不过是在简历上发现她的字，就能有了这个印象，的确是对自己的一种鼓励。下午开会的时候，上司说白板上的字是心怡写的，夸她写得很认真，并且说工作中也需要这种认真的态度，心怡再一次受到了鼓舞。她想，自己不是没有优点，只是自己从来没去总结过罢了。品尝到被人欣赏的幸福滋味后，心怡也学会了去欣赏别人，去发现别人的闪光点。

后来，公司决定从现有员工中选拔人事部经理，而且采用笔试的形式。当心怡打开试题时，发现上面只有一道题目，就是列出公司每个员工的名字，并且说出他们的优点。其他员工对于同事们的评价基本都是工作认真、有集体荣誉感等套话，而心怡写得则更具体，她将每个人的优点都恰到好处地表达出来，有些还举例说明，非常有说服力。最终竞选的答案揭晓了，心怡的答卷在众多答卷中最让人满意，所以她出任了人事部经理。其实，很多人都垂涎这个位子，所以看到这个位子被别人抢了去，心中难免有些嘀咕，但是当领导将心怡的答卷贴出来的时候，大家都心服口服。心怡将大家的优点记在心上，每一句赞扬的话都不是刻意恭维，而是发自内心。当大家看到她对自己的评价时，甚至有些感激，而心怡能够担任这个职位也是当之无愧的，因为她善于欣赏别人，她能够更好地利用人力资源，为公司创造出最大的财富。

欣赏别人的优点是一件非常有意义的事情，将发现他人的优点看做一种成就，不但让自己更加开心，也让别人增加自信；相反，如果嫉妒成性，对他人的优点报以鄙视的态度，那么这样的人难以融于集体当中。孤芳自赏不会让自己高人一等，而懂得欣赏别人的人则更容易获得别人的欣赏与赞美。

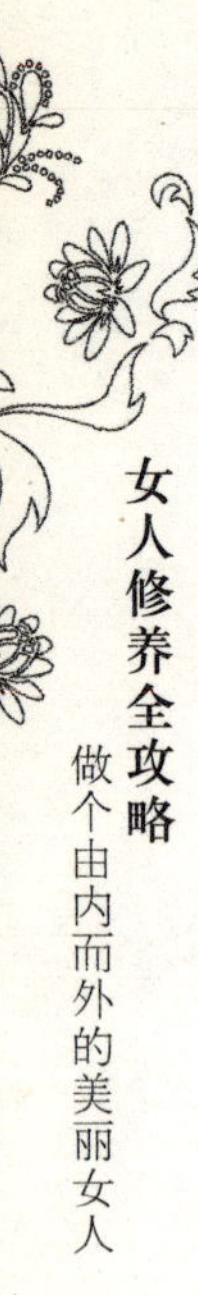



# 不要抢占他人的功劳

当我们辛勤工作的时候，一定会希望得到相应的回报，而当我们创造出理想成绩的时候，也会非常开心。如果有人将我们的劳动成果据为己有，我们不但会感觉受到了侵害，而且还会对他们报以鄙夷的态度。因此，我们也应该约束自己的行为，不要去做抢占他人功劳的小人。抢占他人的功劳就是无视他人的劳动，也是对他人劳动成果的侵犯，己所不欲，勿施于人，这种卑劣的行为不但让一个集体变得乌烟瘴气，也会让实施这种行为的人受到众人的鄙夷。

在一个团队或者企业中，通常都会有一个起码的分工，了解自己的职责和权限，不但是工作的要求，也是明确功劳、苦劳大小的基本条件。人都是有占有欲的，对女人而言也不例外，最主要的是要用正确合理的方式方法达到自己想要的目标和高度。在工作中不断积累的经验和财富最终能帮助我们得到一定的回报，但鉴于现实中的种种问题，我们有时做了一件事情之后并不能马上得到相应的回报，这甚至是一个长期的过程。所以，树立一个良好的心态对待各种荣誉和成功的机会是很有必要的。

现代社会的女性更要不断地提高自己的认知能力，力求公平、客观地评价他人和自己在生活中的表现。特别是对于自己的合作伙伴、朋友、同事，不要漠视他们的存在。良好的人际关系有助于自己健康的身心和积极的生活，切不可去为了自己的眼前利益，为了实现自己的目标，而随意并草率地否定他人的作用，或消极地揣测他人的用意，更不能使用各种伎俩将他人的功劳据为己有，这对自己正常的长久的发展是很不利的。一方面，被窃取者会找各种机会要回自己的东西，甚至以牙还牙，那么到时候你需要腾出很大的精力应对这种糟糕的局面；另一方面，对于知识和能力而言，即便抢占他人功劳也不能代替自己真正的能力，不是自己真实能力的反映。知识和阅历都是别人无法抢走的一种财富，我们做事，是要凭真才实学的，所以“想要人不知，除非己莫为”，如果不想让自己难堪，就不要用一些不光彩的方式来达到自己的目的。

杨柯跟小荣是同一个部门的同事，两个人的工作能力都比较出色，但是，最近小荣忙于恋爱，工作有些心不在焉。按照惯例，每个月15日，杨柯跟小荣都要出一份创意书，然而这次，小荣却有些慌乱了，爱情并没有带给她灵感，此时，毫无创意的她想了一个办法，那就是偷杨柯的创意书。杨柯的创意一向都是很不错的，而且她们通常都是打印了交给领导，所以，领导无法通过辨认笔迹的方式确认到底是谁写的。小荣为自己的想法感觉到庆幸，这样不但窃取了杨柯的成果，而且如果领导相信自己，就算杨柯找领导理论，也只会让她自己陷入不仁不义的境地，那么在晋升竞争中，这个最大的威胁也就消除了。

因为小荣跟杨柯人在同一个办公室，而杨柯又毫无防她的心思，所以，小荣很容易就得手了。她在15日上午就把创意书交给了领导，而且跟原创意书的内容毫无出入。小荣看过创意书的内容，的确见解独特，安排巧妙，领导也一定会大为赏识，而自己也将顺理成章地受到领导的器重……正当小荣正做着美梦的时候，领导一句话却让小荣

吃了一惊。

“这份创意书是你写的吗？”领导问道。

“当然了，要不然我怎么会拿来交给您啊！”小荣虽然故作镇定，但是心中还是有些忐忑，生怕露出马脚。

“那你是什么时候写的呢？”领导继续问道。

“这个月。”小荣回答道。

“可是这份创意书跟杨柯上个月交给我的创意书一模一样，连标点符号都没有差别，你又作何解释呢？”领导的脸色已经变得铁青。本来就底气不足的小荣最终还是承认偷拿了杨柯的创意书，只是她没有想到，这份创意书是她上个月的作品。

也许别人的劳动成果让你羡慕，如果你想赶超他，那么请采用正当的方式，如果采取抢占他人功劳的方式，很有可能会得不偿失，就算一时能够得逞，也可能给自己造成严重的心理负担，而一旦事情被揭穿，你所面临的将是更加严重的问题，所以，不要抢占他人的功劳，这不只是对他人劳动成果的保护，更是你良好职业修养的体现。

# 即使很疲倦也要振作

有时候，我们要面对高强度的工作，既需要速度，又需要质量，而长期面对这些问题，倘若周末又不能好好地休息，那么工作就会带给我们很大的压力，甚至让我们感觉到疲惫。此时，人们通常会表现出不同的状态，有的人想，一定要努力做完，这样就可以休息了，于是，继续振作精神投入工作，工作效率丝毫不会因此而降低；而有的人则想，都这么累了，还要不停地做，真是没劲，于是一边抱怨一边应付了事，结果使自己丝毫找不到工作的乐趣，不但越来越疲惫，而且工作的效率也降低了。

在疲倦的时候也要振作，不但让自己精神饱满，处于极好的状态，有利于身体的健康，也会将工作效率保持在稳定状态。一个疲倦也能振作的人更能够应付工作中出现的应急场面，体现出非凡的工作能力，因此，在感觉到疲惫的时候，提醒自己要打起精神来，这是一件非常有意义的事情。

最近，诗琪看一部侦探电视剧特别上瘾，这部电视剧已经拍了好几部了，几年前就在电视上播放过，诗琪因为种种原因只看了一部分，现在她在网上重温这部电视剧的时候，再次陷入了痴迷状态。于是，一下班回到家里，她就迫不及待地打开电脑，等着精彩画面的出现，每次总是看着看着忘了时间，但是诗琪还是定上表，避免早晨上

班迟到，而上班的时候也集中精力工作。虽然这几天休息不好让她有些疲惫，但是她却没有将这种疲惫的状态带到工作当中，因为她觉得，只有工作时不拖泥带水，才能在其他时间得到真正的放松。

有的人因为身体感到疲倦，就在工作中表现出懒散的行为，这不但是对工作不负责任的表现，而且一旦被领导发现，就会给领导留下不好的印象。对于女性来说，表现出积极乐观的工作态度，不但可以让自己更加容颜焕发，而且也会在工作中更加出色。并不是每一次机遇都像投票选举与知识考核那么直接，有时候当你在日常工作中表现得够好时，机遇也会自然而来。

陈曼的公司因为接手了一个大项目，所以工作非常忙碌，领导选拔了部分精英参加这个项目，陈曼就在其列。已经连续加班三个星期了，周末还要来工作，陈曼叫苦不迭。以前，陈曼通常都会利用周末的时间去爬山或者逛公园，如今生活被打乱了，她感觉有些疲倦，而且每天都要面对公司的同事，还要无休止的工作，她开始感觉到厌倦，工作起来也力不从心。她经常跟同事抱怨公司太忙，自己什么都顾不上了，而且这种不满的态度也导致了她在工作中连续出现了几次失误，最终导致领导让她退出了这个项目。此时的陈曼有种无债一身轻的感觉，周末又可以做自己想做的事情了，不必再紧张兮兮，然而，想到同事们周末在办公室忙碌，她竟然有些许的失落。

又过了两个星期，这个大项目结束了，而且获得了圆满的成功，领导还特意设了庆功宴，因为这个项目对公司起了相当大的作用。领导为所有参加这个项目的人加了薪水，可陈曼却只是得到了前期加班的加班费。加薪是她最近特别想实现的一个愿望，最后却是自己亲手葬送了这个机会。

只要处于工作的状态，就应该认真去对待，既来之，则安之，既然要工作，那就把最好的状态拿出来，不要再抱怨这、抱怨那，否则，像陈曼那样错失了机会就后悔莫及了。

我们在工作中总会出现疲惫的状态，在这个时候，我们要善于调节自己，通过一些简单的办公室运动以及眼保健操等让自己的精神更加活跃一点，而那些处于疲惫状态就开始采用糊弄态度的人，则难以将工作做好。做好今天的工作，也是为明天做好准备，否则，马马虎虎的工作态度所造成的后果依然要自己来承担。

良好的工作状态会减轻工作所带给你的疲劳感，也会让你的工作效率更高，试问有哪个领导不希望自己的员工意气风发呢？所以，即使有时候你已经感觉到疲倦了，也请不要将疲倦写在脸上，挂在嘴上，而应保持精神饱满，并且利用下班时间来放松自己，好好休息。

# 莫占公司的小便宜

每个公司的领导都希望员工爱公司如爱家，这个概念的定义是员工要忠于职守，像对家庭尽责任一样，对工作也要尽责，而不是在公司像在家一样随意，想干什么就干什么。有些员工将公司的东西据为己有，即使这些东西不值钱，你也会给领导留下一个贪财的印象，这种自毁形象的事情千万不要做，因为建立良好的形象需要一天又一天的努力，而抹黑自己的形象却只需要一件事情甚至一段言论等。拿了公司的东西而导致领导对自己有了成见，如果因小失大，实在不划算。而占公司的小便宜，本来就是一种“贪”的表现，是一种严重违背职场修养的行为。可见，要想在公司立足，提高自己的职业修养势在必行。

田莎在一家非常好的公司工作，这家公司的人文环境非常好，而且经理非常喜欢读书，他在公司的一个公共位置设置了书架，上面摆满了各种各样的书，有和工作相关的专业书籍，有职场心态的，也有一些散文集。经理每次买完书都会放到那里，这里的任何一个员工都可以阅读这些书，只要在不影响工作的前提下阅读就可以，也可以把这些书带回家看。田莎是个喜欢读书的女人，所以，常常带本书晚上回家看。

田莎的儿子3岁了，正是非常调皮的年龄，有一次，儿子在田莎拿回的书上面用圆珠笔划得乱七八糟，当他拿着自己的“得意之作”给田莎看时，田莎想，这是公司的书，如今儿子给破坏了，自己应该进行赔偿。于是，她去书店买了这本书交给了经理，并且跟经理道了歉。领导不仅没有生气，反而对她这种在小事上也严格要求自己的做法深表赞叹。

田莎的同事说她：“反正经理有那么多书，三天两头就买，就算少了他也不知道啊，你何必那么认真呢？”

田莎则说：“经理肯把自己的书与我们分享，我们又怎么可以那么自私呢？”

的确，很多事情看似微小，但是见微知著，细节能够反映出一个人的思想品德。田莎主动找经理承认，并且进行赔偿，这表现了她诚实的品格以及敢于担当责任的精神。员工的每一个举动都会影响到自己的形象，而这件事情则让领导对田莎的印象更好了，也为她日后工作上的进展埋下了伏笔。

司玫所在的公司每个月都会给员工发放一些小小的福利品，如卫生纸、香皂之类的，而这些东西就由司玫负责采购。刚开始，她特别小心，生怕会出错，而且每个月都会将找回的零钱和小票一起交给经理。但是司玫发现，经理似乎从未认真检查过小票上的数额与找回的零钱是否吻合，于是她想试探一下，经理是不是真的没注意过。

有一次，司玫偷偷地将找回的零钱扣留了一部分，她已经想好了，倘若经理发现有问题，她就说是自己工作失误造成的，愿意拿钱将损失的部分补回，反正以前从来没出过差错，经理应该会相信的；倘若经理没发现问题，那以后就从找回的零钱中扣留一部分自己用。她觉得这个如意算盘打得可真是不错。

转眼间一个月就要过去了，经理并没有找司玫说小票与零钱的问题。司玫想，经理就是经理，根本不差这点钱，又怎么会在乎呢，而且他可能压根就没看过。于是，这次她的胆子更大了，直接抽走了找回的零钱的一半，司玫对此还有一点小小的成就感。

到了第三个月，司玫照样像以前那样做，可是却被经理叫进了办公室，经理说："事不过三，现在已经出了三次差错，你不适合这个职务，那也就更不适合财务总监的职位了。"听了经理的话，司玫简直崩溃了，自己以前一直表现得很好，经理虽然只夸自己做事有耐心，不嫌麻烦，却没想到他看重的是自己的诚实。第一次小票跟零钱出问题，经理之所以不说，是因为他想看看司玫是不是一时粗心；第二次不说，是想给她一个改过的机会；而第三次，司玫彻底失去了升职为财务总监的机会。如此因小失大，司玫真是追悔莫及。

有句话叫做"占小便宜吃大亏"，喜欢占小便宜的人，难免让自己的欲望更加膨胀，结果导致严重的后果。我们应该杜绝占小便宜的行为，让自己行得端、坐得正，这样才能更好地把握住机会，收获更加丰富的果实。

# 培养自己的团队精神

“一根竹竿容易弯，三缕麻纱脱丝难”。众人拾柴火焰高，只有团结，才能创造出更高的效率，而处在一个集体之中，更要有集体责任感，要有团队精神。注重团队精神，可以让人精神饱满，充满积极向上的人际关系理念，对塑造良好的团队氛围有很大的帮助。如果一个集体因为每个人都想出风头而裹足不前，因为忽略了彼此之间的协调而导致工作效率的下降，甚至一步一步地将与他人合作的局面走成死棋，这样的合作注定是难以维持下去的。女人天生有着良好的人际润滑能力，她们有耐心和细心，不骄不躁，能够时刻记住自己是处在一个集体之中，很少以自我为中心，那么，团队精神也会助这样的女人在人生和事业发展的道路上越走越宽阔。

合唱团的歌曲总是那么的美妙，因为参加合唱的每一个人为了塑造整体的歌唱效果尽了一份力，而不是让自己的声音压倒众人。很多单位都有拓展训练的活动，目的就是要培养员工的团队精神，众人划桨开大船，很多事情单凭一个人的力量是远远不够的，所以，学会与他人合作，不是对自己的贬低，而是对集体的一种奉献。一枝独秀更容易走向枯萎，而整个集体的营养灌溉则会春色满园，芬芳不尽。

有一种游戏叫“两人三足”，通常会出现在一些娱乐节目中，游戏的要求是将一个人的右腿与另一个人的左腿绑在一起，然后让他

们共同迈向终点。其实，这并不只是一个平衡问题，跟双方能否彼此协调有很大的关系，两个人需要协调步子的大小与快慢，并且相互搀扶，才能顺利到达终点；若只顾着各走各的，一个人的步子大，一个人的步子小，一个往东歪，一个往西倒，不能够相互配合，那么就难免摔跤。换个角度看，这两个人就是一个集体，能够相互协调便是团队精神的体现，而正是这种精神让他们走向了成功。我们通常会处于一个更大的集体当中，团队精神的重要性就更明显了，每个人各司其职，为整个团体奉献一份力量，这个团体的工作才能够顺利运行。

唐薇是一名舞蹈演员，她身材标准，长得漂亮，很有舞蹈天赋，不但演技超棒，而且她的眼神也更让舞蹈中的角色活灵活现，因此，她深得教练的喜爱，而在很多舞蹈中都是由唐薇领舞，而且这个团队配合得非常好，从来都没有出现过抢镜头或者彼此之间不配合的情况。

最近，教练又要排练舞蹈了，因为这次排练的是少数民族的舞蹈，所以，教练决定让少数民族出身的丹凤领舞，一向习惯了众星捧月的唐薇心中十分郁闷。教练先让丹凤独舞，让其他人观看，丹凤确实跳得非常好，唐薇都感到自愧不如，虽然心中不快，但是她还是渐渐地想开了，每个人都有自己的强项，在一个集体中更要扬长避短，以前别人为了衬托自己宁愿做绿叶，那自己做一次绿叶又有何妨呢？

最终，唐薇像其他演员一样，认真听从教练的指挥，用心排练，丝毫没有因为自己不再是主角了而自暴自弃，在教练的指导与演员们的辛苦排练之下，这个舞蹈终于越来越完美了，而且在不久后的参赛中还获了奖。教练不但慰劳了大家，还特别表扬了唐薇，因为一个集体需要的就是有团队精神的人，大家一向都配合得很好，这便是她们团队精神的体现，这次唐薇从主角变成配角，她依然能够发挥出最高的水平，也说明了她的集体责任感，她确实值得大家敬佩。

在一个团队中，每个人都有属于自己的位置，虽然每个人的位置各不相同，有的显眼，有的微小，却都起着非常重要的作用。当大家都做好自己事情的时候，也就是为这个团队出了一份力量，而那些为了让自己显得高人一等，就去破坏团队秩序的人，不但不会让自己更加高尚，还会为人所不齿。团队精神不仅有利于整个集体效率的提高，对每个人而言，也是良好素质的表现。

一个具有团队精神的人，会受到大家的欢迎，为团队创造更好的效益，当一个女人抛弃了团队精神而哗众取宠时，不会有人觉得她美丽，那种傲慢掩盖了她的优点。只有讲求团队精神的女人，才会因为她的识大体、顾大局而更加美丽动人。

# 第九章

## 提升语言修养，谈笑风生中彰显从容风范

与人交往离不开语言，而说话又是一门艺术，既要将自己的意思表达明白，又不能伤害对方。坚持真诚的原则，注意说话的技巧，会让你的谈吐更加优雅，让你收获更好的人际关系。一个注意提升语言修养的女人，会让自己不失妩媚而又落落大方，充分展现出女性的魅力所在。

# 真诚是说话的原则

《荀子·修身》中说："君子养心，莫善于诚。"一个满口谎言的人不会获得别人的欣赏，毫无真诚原则的人不仅会给人不可靠的感觉，甚至还会惹人讨厌。虽然有的时候忠言逆耳，但是有些话我们可以含蓄地表达。一个懂得婉转表达的人比用谎话来博得别人好感的人要可敬得多，而谎言一旦被拆穿，往往会让自己陷入更加尴尬的境地。

坚持真诚说话的原则，不但会获得别人的尊重，也会让自己更加富有内涵。真诚的人光明磊落，不会让别人像防小人一样防着你，你的真诚换来的也是别人对你的真诚。心诚则灵，真诚的人能够客观地看待事情，不需要掩饰与做作，让人敬重与钦佩。

**真诚，就不要夸耀自己**

我们都希望被人欣赏，所以会表现出自己优秀的一面，用实际行动证明自己的优点，而且不断提高自己的修养，让自己变得越来越完美。然而，总有一些人喜欢揠苗助长，用夸耀自己的方式来获得别人的好感，比如，有的人在简历上弄虚作假，给自己加上许多头衔，捏造一些看似很不错的实习经历；有的人则自吹自擂，夸大自己的才学。其实，人的水平不是靠一张嘴说出来的，而是要看实际行动。一个待人真诚的人远比只会夸耀自己的人要可敬得多。

丰荷即将大学毕业，她像其他同学那样开始绸缪着找工作，她从网上看到一个中意的工作，于是准备投递简历，然而，当她为自己写好简历，又觉得内容太单薄，就凭空添加了一些实习经历。她记得以前离学校不远的地方有一家公司，同学有利用暑假去那里实习的，虽然丰荷没有去过，但是知道别的同学在那里实习的情况，在简历上填上这一项也未尝不可，而且这里的很多工作都看重资历，有实习经验的人更容易被录取。

很快，丰荷就收到了面试通知。她穿上漂亮的衣服，化了妆，将自己打扮得非常得体，然后在约定的时间来到这家公司。面试官例行公事问了丰荷几个问题，她都对答如流。最后，面试官问她是否真的在那个公司实习过，丰荷的回答是肯定的，而面试官却说："其实那个公司是我们公司的前身，当时看到你的简历，以为是在这里实习过的同学，所以就通知你来面试，但是在你来之前，我已经翻看了先前的备案，并没有你的名字，当我再次问你有没有在这里实习过的时候，你依然撒谎，很抱歉，我们需要的是具有真诚品质的员工。"

夸耀自己甚至作假不但不会让自己有丰富的资历，反而是底气不足的表现，因此，真诚地对待别人，就要展现出一个真实的自我，尽管每个人都有不足，但要做到扬长避短，这样就可以不断超越自我，而用某些方式来掩饰则是欲盖弥彰。

### 真诚，就不要虚伪奉承他人

真诚，不单单是要表现出一个真实的自我，对待他人，也不能虚情假意。我们处在一个集体当中，更要真诚待人，只有这样才能促进

人际关系的和谐，假意奉承只会让别人看到自己的虚伪。

每个人都喜欢听好听的话，但是，如果与内心的想法相违背，表现出曲意逢迎，不但不会让人对你有好感，反而会觉得你有什么意图。真诚是一种单纯的心性，真诚的人更让人喜爱。

张瑶是一个漂亮的女孩，而且以嘴甜著称。刚来到单位，张瑶很快就跟同事打成了一片，今天说这个女孩漂亮，明天说那个同事的包包好看等，大家都对她有了好感，至少他们认为这个新来的同事不难相处。然而，不久大家却对张瑶的看法改变了，当张瑶跟同事们熟了之后，就开始当着这个同事的面说那个同事的不好，但是在人家面前又表现出相当的热情，不得不让人怀疑是不是她也当着其他人的面说自己的坏话。于是，大家又渐渐疏远她。

对待同事要真诚，就是要敞开心扉，容纳他人，即使不可能跟每个人都关系亲密，但是也不要虚情假意，不要违心地去迎逢他人，每个人都会在无意中将自己内心的想法表露出来，与其伪装自己，不如坦诚一些，因为真诚的人才让人信赖。

真诚是一种率性，能够真诚地对待自己，便能够发现自身存在的一些不足，并且有重点地对自己进行提高，当自己的综合素质达到一个新水准的时候，人生也会迈向一个新的境界。真诚是促进人际关系和谐的良药，也是一个人待人处事与说话应有的原则。

# 赞美是最好的声音

当你听到别人真心的赞美，会笑逐颜开，因为别人看得到你身上的优点，让你对自己更加自信。每个人得到别人的肯定，都会有些许的兴奋，而对于赞美你的人，你也会有感恩之心，因为赞美是他送给你最好的礼物。那么，就不要吝啬自己的赞美，用真诚而美丽的语言去赞美别人吧，“送人玫瑰，手有余香”，在别人感到快乐的同时，你也会体会到快乐。

作为一名女性，感恩和赞美都是人们所需要的，每一个人都希望得到他人的认可与赞同，从而达到内心的满足和鼓励。所以，要抓住多数人共有的这个特点，乐于肯定他人的长处，并以合适的语言和恰当的方式表达出来，让对方受到鼓舞。赞美带着情真意浓的气息，让人们体会与你在生活中和谐共处的愉快。给别人一句赞美，你会心情舒畅，看到别人满意的笑容，你也会更加开朗，生活变得豁达明亮起来，身边的事物也会变得更加美好。真诚的赞美，就如同美妙的歌声一样，让忧伤者被其吸引，让烦恼者忘却悲愤。

赞美是恰到好处地指出别人的长处，并且予以表扬，而不是用华丽的语言去讨好别人，用一些不切实际的语言去表扬别人，否则，那种假意的恭维不但不会让别人开心，反而会适得其反。

赵辉所在的单位美女如云，相比之下，她似乎有些不起眼。尤其

是她经常为自己的身高感觉到自卑，其他同事都是高挑美丽，而她却像是躲在角落里的蜘蛛一样，这种自卑的心理让她不敢去靠近别人，生怕被人取笑，而且她也不敢想象，同事们会不会在背后嘲弄她。后来赵辉却跟变了一个人似的，她不但主动将自己融入这个集体，而且跟别的同事也非常投契，整个人也活泼光鲜了许多。其实，赵辉的改变正是源于别人的一句赞美。

有一次，同事小雅约她一起逛街，赵辉心中有些不快，小雅那么漂亮，把自己叫去，就像丑小鸭去衬托白天鹅，于是便借口有事推辞了。赵辉周末哪里也没去，而是看电影熬了两个通宵，结果周一的时候眼睛有些肿了。小雅看到后对她说："赵辉，眼睛怎么肿了呀？你可一定要保护好眼睛啊，你的眼睛特漂亮，特有神，我就很希望有一双你这样的眼睛！"

小雅不像是刻意地夸她，因为她说得是如此真诚。赵辉回到家里认真地对着镜子看了看自己，的确，自己的眼睛很美，眼若含波，美丽动人。若不是小雅跟她说，她还不知道什么时候才能发现呢；而小雅若不是真的喜欢她这双眼睛，又怎么会注意到她今天眼睛有点肿呢？

赵辉终于明白，其实是自己把身高当成了弱点，并把这个弱点无限放大，结果盖住了自己的优点。于是，她看开了，摆脱了以前那种自卑的阴影，当她和同事更加熟悉的时候，她也听到了更多的赞美。她不止眼睛漂亮，还有才华，待人也友善。每一句赞美都让赵辉心花怒放，她似乎意识到了赞美的作用，因此也不再吝惜对其他人的赞美，有的人细心，有的人有耐心，有的人穿什么衣服都好看……赵辉发现，这个集体中的人都特别善于发现别人的优点，并且愿意赞美别人，所以大家才相处得非常和谐。

赞美不是刻意奉承，不是夸大其词地去说一个人有多么优秀，而是发现别人身上的优点并给予肯定。个子高的女人，你可以夸她高挑；个子矮的女人，你可以夸她灵巧……赞美是以事实为基础的一种肯定，而不是超越现实的一种假想。每个人的身上都有一些闪光的东西，发现这些优点并且表达出来，一定会让对方非常愉悦。

赞美的作用是不可小觑的，一个只希望得到别人的赞美，而从来不舍得去赞美别人的人，永远体会不到赞美别人给其带来的愉悦感。而那些善于赞美别人的人，她们有着锐利的目光，总是能看到别人的长处，甚至还能从别人身上取经，从而让自己更加完美，而且当她们赞美别人时，看到别人欣喜的样子，自己也会由衷地感到满足。

每个女人都希望成为焦点，成为焦点的方法不是让别人把自己捧上天，无限放大自己的优点，而是也要看到别人的优点。一个懂得欣赏别人的人有优雅的气度，而一个懂得赞美别人的人则更有翩翩的风度。赞美一下你身边的人，让快乐充盈在自己的身边，那么，你也是值得赞美的。

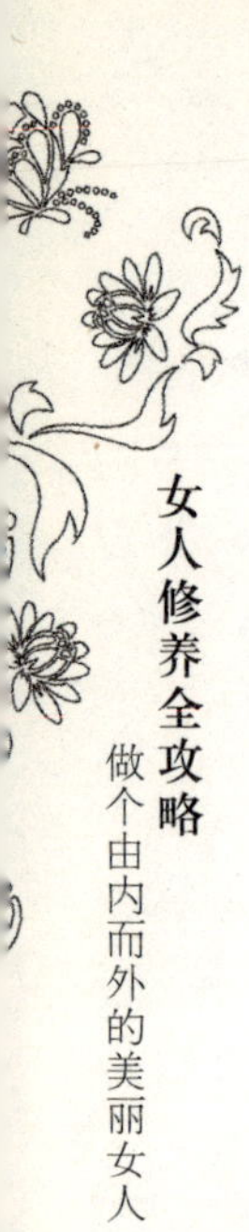



# 开玩笑要恰到好处

开玩笑是一种幽默，利用这种方式能够达到放松心情、缓和气氛、活跃情绪的作用。善于开玩笑的人具有乐观的心态，积极的精神，同时也为身边的人带来了欢乐。然而，玩笑倘若开得不好，就会适得其反，不但起不到任何让人放松的作用，反而伤了和气。因此，开玩笑也要恰到好处，尤其是拿别人开玩笑的时候，不要给对方造成被鄙视和侮辱的感觉，如果不知分寸，让别人感觉到压抑与愤怒，那么，不但会让别人对你有看法，也会影响你们彼此之间的和谐关系。

开玩笑是生活的调味剂，也是一门艺术。当你想开个玩笑让大家乐一下的时候，这个玩笑还是要有所避忌的，不要涉及别人的隐私、家庭，不要带有贬损别人的意思，否则，如果口不择言，只会招来别人对你产生成见。开玩笑要三思而后行，如果自己不想被别人拿来开什么玩笑，就不要让这样的玩笑去伤害别人。

林爽是一个非常幽默的女孩，平时就喜欢看笑话，有时候还将一些笑话应用于现实中的人身上，大家感觉跟她在一起非常轻松，然而，她毕竟涉世未深，当因为幽默博得大家的喜爱之后，她开始有一点拿捏不好幽默的分寸了。

一天，一位同事来到单位，哭丧着脸，工作起来也没有了往日的风采。林爽当着大家的面开玩笑道：“长得这么帅，脸一板起来可就不好看了，怎么，老婆跟别人跑了啊？”

林爽的话让同事感觉非常不自在，而其他人也将目光放在这两个人身上。同事狠狠地瞪了林爽一眼，林爽却不以为然地说：“开个玩笑罢了，用得着这么凶吗？”

其实，很多时候，开玩笑并不会引起别人的反感，但是，如果这个玩笑把握不好分寸，就不会招人喜欢了。虽然林爽的玩笑像是无心之过，但是确实很不得体，而且还是当着那么多同事的面，所以，开玩笑一定要恰到好处，如果因为这种无心之过让别人记恨自己，那就很不划算了。

秦珍是一个公司的主管，最近公司非常繁忙，由于要去听一个讲座，所以打算下班以后耽误大家几分钟的时间，把第二天的工作安排好。一听到不能按时下班，有几个同事的脸上现出了不悦的神情。秦珍为了缓和一下气氛，于是开玩笑道：“又不是着急去投胎，何必那么着急呢？”

尽管秦珍是说笑的，但是其他人听了都感觉很不舒服。他们不但没有感觉到放松，反而觉得秦珍很让人讨厌，因为不管秦珍的话是不是玩笑，在别人听来，都像是责备，甚至是骂人。结果，那天下午没有人积极地配合秦珍，等她安排好，别人就各忙各的，都没有像往常那样热情。秦珍以为是耽误了大家下班，引发了意见，殊不知，正是她那句玩笑话，让别人心中不快，甚至对她产生了厌恶的情绪。

玩笑本是让人轻松愉快的事情，所以要用诙谐的语言来表达，这样的语言需要一定的含蓄，如果太直白或是带有讽刺的意味，即使你说的时候再和气，恐怕别人也不会“领情”。开玩笑的时候也要看别人的心情，当别人心烦意乱无心听你的玩笑时，那么就请另外找个合

适的时机吧。

生活中的一些琐事确实让人感到无聊，这时，一个不经意且无伤大雅的玩笑，会让人暂时放松，甚至茅塞顿开，气氛有了松弛，人们紧绷的神经也会放松。一个阳光欢乐的调子对人与人之间的交往是很有必要的，不过恶搞归恶搞，幽默归幽默，在一些情况下某些人也有着生活中的敏感痛楚和很多难言之隐，所以在此时，别让幽默的话语伤害别人。与人开玩笑的前提依然是尊重对方，否则，口无遮拦，无意中触及他人的弱点，就会让人感到无聊、粗俗。我们要了解，玩笑是为了让大家能在枯燥或者紧张的环境中笑起来，而不是为了恶搞别人，所以需要分清场合与时间，开什么样的玩笑既让在场者轻松愉快，博得到一个“笑星”的印象，又不至于失体面，而让大家窘迫不堪。

# 婉转表达更有效

俗话说："良言一句三冬暖，恶语伤人六月寒。"有时候，我们需要表达一些对方并不喜欢听的内容，如果直言相告，也许会让对方伤心、难过，甚至恼怒，所以，婉转地表达也许更加有效。婉转地表达是本着既尊重事实，又不伤害对方的原则，有这种心思的人必定也是修养极高的人；而直白则可能让自己与对方陷入尴尬的境地，导致沟通毫无成效，甚至还得罪了人。

每个人都有缺点，也有自己的软肋，但不能因为缺点就回避与他人的接触和交往。相信耿直的女人一定是有骨气和自己的想法的，这种风格也会让别人刮目相看。遗憾的是，我们不能完全按照自己的理解指出对方存在的问题，特别是不要随意抛出非常肯定的"定论"，也不要针锋相对地将对方的意见逐句回敬。我们要获得比较和谐的人际交往，首先就要有心平气和的态度，努力达到客观、兼顾各方，从而表达自己的观点。

婉转地说出自己的想法，有助于与他人的交流，同时也能保证对方理性地去思考，不会被一时冲动和负面的消极情绪所影响。婉转表达可以恰当地表露自己的想法，即使想法与别人相悖，也不会影响到你现有的人际关系。

小娥是一个职业技能很高的人才，深得领导的器重。有很多同

行业的领导来挖她，虽然对方开出的工资比小娥现有的工资高出很多，但是，小娥觉得自己是从现在的公司起步的，目前还不想去别的地方。最近公司非常繁忙，尤其是小娥，有时候要加班到晚上八九点钟。可是这几天，小娥的母亲生病了，小娥一下班就得赶紧回去照顾母亲，每天要到很晚才能休息。于是，接下的几天，小娥有点打不起精神来。

小娥的经理是一个三十出头的女人，她为人有点傲慢，而且自以为是，有些目中无人。看到小娥现在的状态，她就把小娥叫到了办公室里，还没问是怎么回事，就劈头盖脸地说："小娥，你最近状态太差了，不想在这干就快走，别以为公司离了你就不行了！"

小娥一听，简直满腔怒火，要不是公司缺人，自己早就请假回去照顾母亲了，结果现在自己付出了辛劳，不但得不到任何慰藉，反而还落了埋怨，尤其是经理那句话，让她实在受不了，太伤人自尊了。于是，小娥立刻回敬道："走就走！"

小娥离开了公司，由于她一直工作成绩出色，很快就找到了工作，而且工资比原公司高出很多，而她的原公司在她走后却几乎近于瘫痪。因为经理的说话问题，得罪了很多人，在小娥离开之后，就只剩下几个员工了。

其实，小娥的经理只是希望她能够以更好的状态投入到工作中，她完全可以关心一下为什么小娥最近没有休息好，让她合理安排时间，才能够保持良好的工作状态。可她不闻不问，上来就批评，却不知道小娥为了公司已经做出了一定程度的牺牲。有些话，不管是婉转还是直白，都是为了达到同一个目的，而直白却可能伤害到别人。所以，学会婉转地表达自己的意思，不但能够实现表达自己想法的意愿，而且让听的人也觉得言之有理。如果像小娥的经理那样，最终的结果只会是失去一个优秀的员工。

有时候，我们的意见会跟别人的意见有所冲突，其实，很多观点不能用对与错来评判，你说得有道理，不代表别人说得就没有一点可取之处。所以，表达意见的时候要懂得谦和，婉转地说明自己的意思，总比与别人发生争执要好得多。我们不希望被别人直言顶撞，那么也不要贸然地去否定别人，甚至把别人说得一无是处。婉转表达是对别人的尊重，也有利于建立良好的人际关系。

婉转表达是一种说话的技巧，也是极好的语言修养。婉转的方式少了一些豪爽，却多了一些柔和，尽管如此，却并没有因此而扭曲事实，只是说得更加含蓄了，让对方能够接受，而不至于因为言辞问题引起对方的怒火与埋怨。我们与人相处，学会婉转地表达自己的想法与意见，或者是传达一些事情，会让自己减少与别人的摩擦，从而建立起更好的人际关系。

# 不要随便打断他人的话

每个人都有说话的权利，如果正在说话的时候被打断，一定会感觉别扭，甚至极度不悦，而不等别人把话说完就将其打断，也可能导致别人的意思没有表达明白。所以，在别人讲话的时候，不要随意去打断别人的话，就算你非常有表达的欲望，也要在不影响别人说话的情况下去表达。培根曾说："打断别人，乱插话的人，甚至比发言冗长者更令人生厌。"打断别人说话这种不礼貌的行为让人厌烦，也会影响到自己的人际关系。对女人来说，语言修养也是自身修养的重要组成部分。女人的魅力是通过她的一举一动表现出来的，行走于职场，女人更要谨言慎行，杜绝打断别人说话这种无礼的行为。

有这样一个笑话：

妻子做了面条给丈夫吃。丈夫说："我妈每次做面条都会放上一些葱花……"丈夫的话还没说完，妻子就跟丈夫聊起了别的话题。后来，妻子再次做面条时，她想起丈夫的话，于是在面条里精心添加了葱花，结果丈夫却一边吃面条，一边往外夹葱花。他说："我妈每次做面条都会放上一些葱花，而我每次都得把里面的葱花挑出来。"

如果我们随便打断别人的话，就有可能造成笑话里的后果，徒劳而无功；实际上，耐心听别人把话说完，更容易明白别人真正要表达的意思，而且不随便打断他人的话，也是对他人的尊重。

当别人对话的时候，贸然插话会让人感觉到不快，如果你对他们的话题感兴趣，可以表示自己的意思，但是切不可让人感觉你唐突。丝毫不考虑别人的感受，上来就打断别人之间的交流，只会让别人觉得厌恶。相反，在别人不介意的情况下做一个倾听者，并且在适当的时机发表自己的意见，会更受人欢迎。

宋妮是一个非常热情的女孩，而且见多识广，同事们很喜欢听她讲话。可是，来到单位的时间一长，大家就对她好感全无，因为宋妮把自己的博学当成了资本，别人说话的时候，她总要插进去，完全不考虑人家是否方便，自己说话会不会影响到别人的交流，而且，有时候她还直言否定别人的观点，让人受不了。时间一长，大家对宋妮的不知分寸颇有微词，而宋妮却不以为意。

有两个女同事又在谈论话题了，宋妮马上凑上前去，问道："你们在谈什么啊？"还不等人家回答，宋妮就马上扯开了自己的话题。结果两个同事对视了一下，各自回到了自己的办公桌前，宋妮全然没有察觉同事的不悦。后来，宋妮慢慢地发现，每次人家正谈得起劲，自己一出现，他们就住口了。宋妮心想，是不是他们在背后议论自己呢？这种阴影笼罩着她，让她开始回避与同事们的交流，而当初那个活泼的宋妮，却在单位里渐渐地变成了独行侠。

其实，不打断别人的谈话，也是说话的一个重要技巧。对于同一件事情，每个人都会有自己的观点，都希望表达出来，而当一个人陈述自己观点的时候，思路忽然被打断，或者被别人抢了风头，那么这个人心中一定会有些失落。所以，耐心地听别人把话说完，是处理好人际关系的一个重要方面。

另外，有时候别人提到的一些内容你不苟同，也不要急于去否

定，至少要让对方将自己的观点表达清晰了，再用委婉的陈词表达自己的观点。如果过分强调自己的观点，甚至强行转移话题，就可能引发争执，因为贸然打断别人说话而造成冲突，这样的后果是谁都不想看到的。

尽管如此，有时候还是避免不了需要打断一下对方的思路，比如，交流过程中，你的电话突然响了，或者你忽然记起有什么更重要的事情要做，那么也要比较礼貌地提出，这样才会让你不失礼于人前，既不会因为打断对方说话让他感觉到不快，也不会让自己的形象受损。

不随便打断别人的话，是尊重他人的表现，也体现了一个女人的风度与内涵，既避免了因为他人没有将话说完，而给倾听者造成曲解，也让别人更乐于与你交流。

# 谈话时少做一些小动作

两个人在一起交流，并不只是靠声音来传递信息，一个说话时能看着对方眼睛的人，会让人感觉彬彬有礼，而一个听别人讲话时能做到认认真真、心无旁骛的人，会让说话者感到愉快。两个人的对话不只是语言的交流，也是心的交流，所以用心去讲述或者倾听能够让交流更加顺畅。

有的人在跟别人说话时，喜欢做一些小动作，比如，在开会的时候，有的人喜欢不停地抖动自己的双腿；谈话的时候，有的女人喜欢摸自己的头发等，这些行为虽然看上去很小，似乎无伤大雅，但是，如果作为一个旁观者，会感觉相当不自在，因为这会给人一种你没有认真倾听的感觉。所以，谈话时尽量避免做一些小动作，这不但体现出你的专心，也是你风度优雅的表现，更是你对说话者的尊重。

不管是在自己讲话的时候，还是在听别人说话的时候，小动作的出现总会让原先的表达效果出现瑕疵。而作为职场中的女人，这一类的行为更应该避免，女人追求优雅、大方，不应该让这样的细节影响自己的形象。一个说话的时候也在不停地做各种小动作的人，即使话题再有趣，也可能让别人感觉索然无味，而一个听别人说话时全然不在意自己行为的人，也会让别人失去与之交流的兴趣。

欣澜有一个习惯，每当她思考问题的时候，总是喜欢咬住笔的

一端，这是她无意识的动作，当她后来意识到之后，便将这个习惯改掉了，毕竟，这个动作并不雅观，而且笔端还会有一些细菌，吸入口腔对身体有害。可是，刚刚改掉了一个毛病，欣澜又有了一个新的毛病，她总是有意无意地将笔在手中转来转去，尽管这种小小的游戏可以帮助她放松身心，但把它作为一种习惯就不太好了。

一次，单位开会，大家都坐在会议室里，拿着笔跟笔记本，不时地记录领导讲的一些重要内容。唯独欣澜又不自觉地转起笔来。这时候，领导发现了欣澜的小动作，便将目光投了过来。其他同事的目光也随着看了过来，欣澜顿时感觉到一阵窘迫，她明白，因为这个小动作，大家会对她有看法。于是，她开始注意到细节，在工作以及与人交流的时候，尽量不再转动手中的笔，而且也尽量避免其他小动作的发生。

如果在讲话的时候，你身边的人一会儿碰碰这个，一会儿碰碰那个，也许他并没有遗漏任何你所讲述的内容，但是你也会感觉他态度不认真，从而心有芥蒂。在与别人交谈的时候，要尽量避免小动作的出现，这不只会影响交流的效果，也可能因为这个小小的细节让别人对你有了看法。

小动作往往是人们的一种心理暗示，或紧张不安，或心浮气躁，或急于求成，所以，尽量避免小动作的出现，养成一个足够好的习惯，至少不会让人感到生厌和无聊的行为习惯。这样有助于给别人留下一个良好的印象，最重要的是没有表现出过分的举动，让身边的人感觉被当成了空气。要懂得在举止上尊重他人，给予他人足够的关注和空间，这是良好修养的一个重要体现。

一个女人要提高自己的修养，就不能忽略日常生活中的每一个细节，因为这些都是塑造自己形象的重要组成部分。而身在职场中，免不了要和他人交流，与他人共事，所以，要给他人充分的尊重，才能获得别人的尊重，并且在合作中也能更愉快。尊重他人不仅体现在对他人价值的肯定上，也体现在自己日常的举动上，体现在一言一行中。因此，在跟别人交流的时候，尽量避免小动作的出现，这不但是对他人的尊重，也是自己人格魅力的体现。

# 打电话时请控制好你的分贝

电话是当今社会不可缺少的信息交流工具，它不只可以让你快速有效地传递信息，而且可以跨越地域的阻隔，即使相隔万里，依然能够依靠电话进行信息交换。打电话作为一种日常行为，需要注意一些细枝末节，除了注意语言修养之外，也要注意控制好打电话的分贝。

打电话时，要避免声音太大，否则不但会让电话那头的人感到你的不礼貌，也会让你附近的人感觉到太吵。所以，打电话时要尽量用平和的声音，让对方感觉到你对他的尊重。打电话的人态度够好，接电话的人才更愿意用心去听。当然，打电话时，也要避免声音太小，因为太小的声音会让对方听不清楚，甚至会因此而造成曲解。

小柔在一家公司做客户回访员，公司有一个月的试用期，这让小柔既兴奋又紧张，她将公司分给她的客户资料整理好，并且逐一进行回访。然而，每次给客户打电话，都被对方没好气地应两声就挂了电话，小柔觉得很失败，试用期还没过，她就有些打退堂鼓了。小柔很不甘心，她不能不知道问题到底出在哪里就离开，看其他的同事似乎也就是这么打电话的，为什么她们可以，自己却不行呢？小柔跟单位的一个同事关系不错，于是想让她指教一下，同事很痛快地答应了。于是，小柔拿起电话，拨通了一位客户的号码，然而刚说了没两句，对方就借口有事忙把电话挂断了，小柔一脸惆怅地抬起头来看着同事，而同事却在这寥寥几句话中找出了症结所在。

“我们给客户打电话的时候，一定要注意音量，如果对方是在非常喧哗的地方或者信号很弱的地方，需要我们用很大的声音他才能听清楚，这时候要放大音量，但其他时候一定要注意声音的平和。你的声音太大，会让客户有无所适从的感觉，尤其是他们身边可能还有其他的人，电话里的内容他们也可能听到，所以，太大的声音容易让旁边的人造成误解，以为客户是被别人责问，所以，用柔和的声音打电话远胜过洪亮的嗓门。”

小柔听了之后大为吃惊，因为她从来没有考虑得这么周到过，她只觉得说话声音大一点，对方能够听清楚，这样就避免了因为听不清而造成的重复性工作，却全然没想到太大的声音会给对方造成什么样的感觉，又或是给对方带来什么样的不良影响。于是，在以后的日子里，她每次打电话都特别谨慎，将声音控制在合适的分贝，接电话的客户也感觉到了她认真的态度，所以非常配合她的工作。试用期结束后，小柔顺利上岗了。

其实，不管是给客户打电话还是给朋友打电话，都要注意控制好声音的分贝，合适的声音会让接电话的人感觉轻松惬意，像是与你面对面心平气和地交流一般，会产生愉悦的感觉。相反，如果你说话声音过高或者过低，就容易让对方失去继续交谈的兴趣。所以，打电话时，重要的并不只是语气的得当、礼貌用语的运用，音量也是一个很重要的问题。

另外，我们打电话的时候，可能会在一些公共场合，比如办公室或者餐厅等一些地方。所以，打电话除了要照顾到接电话人的感受之外，也要注意到会给身边的人造成什么样的感觉。如果在办公室内打

电话，哪怕是上班时间的工作电话，也要注意自己的音量，因为如果你的音量过高，就可能影响到其他同事，甚至扰乱他们的思维；如果是在宿舍打电话，就要注意是不是会影响到其他人的休息，太晚的时候接到一些电话，最好要到房间外面去讲话。

打电话与接电话是日常生活中常做的事，使用电话进行交流时，能够控制好分贝，既能让电话那头的人满意，也不会让身边的人对你产生意见，如果能做到这一点，那么，你的修养便更上一层楼了。

# 避免令人生厌的口头禅

很多人说话的时候总是带着一些口头禅，甚至是带有脏字，这些词挂在口头，难免让人生厌。有时候也许你只是出于习惯而将这些词脱口而出，并没有什么用意，可是却极有可能给对方造成误会，让别人以为你是在骂他，甚至是用这个词来表达对他的鄙夷。所以，为了避免这种无心之过，应该尽量避免令人生厌的口头禅，不带有口头禅的话语会更加清新，而清新的语言会让你谈吐更加优雅，更不至于因为口头禅而造成别人对你的误解。

作为女性，虽然未必非要斯斯文文，有点自己的个性也很好，但是，切不可为了塑造个性而使用一些不太中听的口头禅，否则不但不会让你的形象鲜明，反而会起到反作用。而保持语言的清新，坚持不说脏话，不说让人生厌的口头禅，你的言谈风度便会上一个新台阶。反之，如果你时常将一些难听的口头禅挂在嘴边，当别人想起你的时候，往往最先想到的是你不受欢迎的口头禅，对你的印象也会大打折扣，甚至影响你的人际关系。而且，一个并不好听的口头禅从一位女性的口中脱口而出，那将是多么的不协调，尤其是这些词被别人当成你心性流露的时候，更是影响了你的整体形象。因此，避免一些难听的口头禅，你的整体形象也会有所提高。

萧翎是一个很有气质的女孩，她不但在塑造自己的外在形象上

下了工夫，而且也让自己的内心追求明净，常常通过看书等方式提高自身修养。然而，她却忽略了一个非常重要的细节，那就是她的口头禅“得了吧”，说话时常常不经意地将它带出。这个词既不带脏字，又不是严重地攻击别人，她从来都没觉得会有什么不好，然而正是因为这个词，却让她跟同事产生了不快。当她对一位同事说了这句话之后，同事立即像是受到了攻击一般，表示了自己的不满。因为“得了吧”这个词具有地域性，所以，在每个人看来，它的含义有所不同，在某些地方只相当于感叹词，可是，在一些地域却表示对对方意见的鄙夷。所以，时常把这个词挂在嘴边，遇到对此有不同理解的人，难免让人误会。

记住了这次教训，萧翎也就戒掉了这个词语。她常想，是不是以前也说这句话得罪过人，只是别人心中有所不快，却没有指出而已，她很感谢这个同事，尽管与他因为这个词引起了一点误会，但是这也让她对口头禅有了新的认识，不但戒掉了不妥的口头禅，而且在以后的交流中，也尽量采用不会引起对方误会的语言。

很多口头禅本身并没有什么意义，但它却是一种非常不好的交谈习惯，尤其是一些难听的口头禅，不但不会促进交流，还会让人感到厌恶。当我们与别人交流时，如果别人时不时地冒出句难听的口头禅，也许你会觉得他态度不认真，甚至捉摸不透他到底持什么观点。所以，戒掉口头禅，会让你的表达更加明确，让你的谈话更加妙趣横生，也会避免让别人因为这句口头禅错误地理解你的意思。

职场中的女性，不但应注意自己的外在形象，也要塑造自己的内在品质。语言修养是职业修养中的一个重要方面，职场女性说话时应力求干练而得体，委婉动听。如果一个非常漂亮的女性，在与人交流的时候，时不时地说出一些让人讨厌的口头禅，这些话与她的外表极不相配，不但影响了她与别人的交流，而且会让别人对她整个人的印象也大打折扣。所以，塑造自己的完美形象，不但要追求举止大方，知识丰富，也要追求语言的美好。语言的美好不只是清楚委婉，也包括摒弃各种不良的语言习惯，不说一些令人生厌的口头禅，那么，说话的质量会有很大的提高。

一些难听的口头禅，常常让人觉得低俗，而习惯把这些口头禅挂在嘴上的女人，更是让人“另眼相看”。女人都有爱美的天性，希望自己在别人的眼中是完美无瑕的，难听的口头禅无疑会让女人的美丽分值下降，因此，避免难听的口头禅，会让语言更加美好，女人的魅力也会随之提高。

# 倾听是对他人的尊重

一个有魅力的女人，往往不仅谈吐得体，举止大方，而且善于倾听。言为心声，每个人所说的话都是内心想法的表达，用心去听别人的话，才能更好地理解别人，从而建立良好的人际关系，倾听是对他人的尊重，一个团队的成员能够相互理解，相互尊重，那么，这个团队往往能创造出更高的工作效率。有时候，当一个人吐露心声的时候，也许他所期望的，并不是你的附和与赞同，哪怕你只是用心去听，对方就已经满足了，倾听别人说话，不只是对别人的尊重，也展现了一个女人的魅力。

倾听别人讲话，就要认真地领略别人说话的意思。当别人把你当成一个值得信赖的倾吐对象的时候，作为听众，要努力去感受别人内心的那份感情；而当别人讲述某件重要事情，比如开会或者安排工作的时候，集中精力倾听，能让你全面掌握接下来要做的事情，并且把工作做得最好。所以说，倾听不但有其重要性，也有其必要性。

当我们听别人说话的时候，要做到眼到、口到、心到，要双眼注视对方，也就是说，不仅要聚精会神地听对方说话，必要的时候，也要发表自己的意见，不要让对方演独角戏，哪怕用点头与微笑来表示自己的认同也可以。当然，不能因为发表自己的意见而抢了别人的话头，听别人说话的时候，也要专心而且耐心，不要心不在焉，否则会让对方觉得不被重视，甚至觉得你不喜欢跟他说话。

小咪是一个很受欢迎的女孩，虽然看上去不怎么出色，没有漂亮的容貌，也没有出众的才华，只是一个平凡的职员，但是，在单位里大家都非常喜欢她，甚至连单位里最傲慢的同事也跟她没什么隔阂。其实，这与小咪的善于倾听有很大的关系。

单位有位同事一直不顺，遇人不淑，婚姻不幸，事业也没做出点成绩来。因此，她常常郁闷寡欢，每每对人诉苦，别人也都是爱理不理，甚至心生不耐，于是，她的性格变得更加怪异起来。而小咪来到这个单位之后，每天都热情地跟她打招呼，小咪的热情让她再次有了倾吐的愿望。于是，她对小咪倾吐了一肚子的苦水。

小咪虽然无力帮这位同事改变什么，但是，她还是认真地倾听对方讲述自己的经历，还不时地点头或者用眼神表达同情。当同事讲述完之后，感觉轻松了许多，仿佛多年积压在心中的怨气一下子得到了释放，而她也对小咪抱有感激之情。

其实，对于在低谷徘徊的人，倾听是最好的帮助，小咪的倾听行为既能让同事用倾诉来宣泄情绪，也表现了她友好的性格。“倾听”是尊重别人的表现，倾听时，你会在意对方所要表达的内容，在乎对方的感受，并且能够配合对方，让说话的人将自己的意思表达明确，而作为听众的你，也准确地领会到了对方的意思。

在职场中，善于倾听他人的意见，也有利于自己的长进。很多事情都是仁者见仁，智者见智，倾听他人的意见，取其精华，也会丰富自己的知识，充实自己的头脑。倾听也是一种有礼貌的行为，所以，在听别人讲话时，不要做出一些失礼的行为，比如，强行打断他人的话，或者为了强调自己观点的正确而将别人的观点贬得一无是处等。

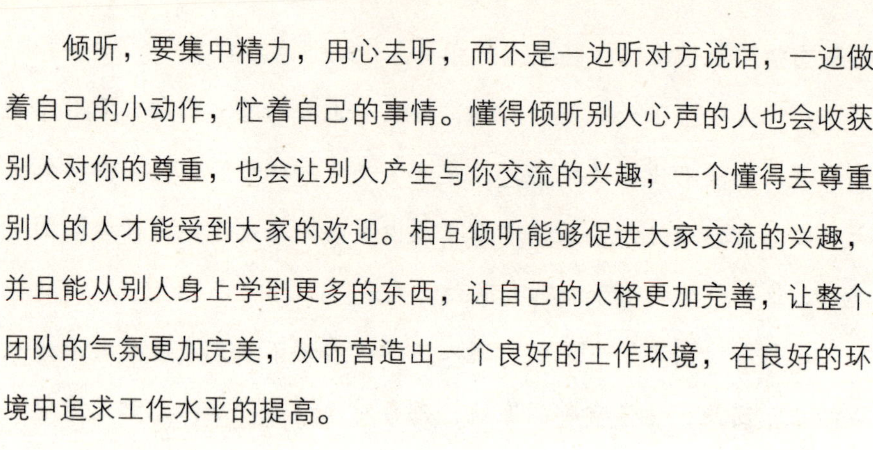

倾听，要集中精力，用心去听，而不是一边听对方说话，一边做着自己的小动作，忙着自己的事情。懂得倾听别人心声的人也会收获别人对你的尊重，也会让别人产生与你交流的兴趣，一个懂得去尊重别人的人才能受到大家的欢迎。相互倾听能够促进大家交流的兴趣，并且能从别人身上学到更多的东西，让自己的人格更加完善，让整个团队的气氛更加完美，从而营造出一个良好的工作环境，在良好的环境中追求工作水平的提高。

# 第十章

## 打造社交修养，在你来我往中和谐相处

人们在社会大家庭中，不管是工作还是生活，都离不开相互之间的交往。而在社交中，修养较高的女性往往更能占据优势。提高社交修养，不但让女性自己的人生更充实，而且也会让女人在社交中立于不败之地。

# 多与有修养的人共处

抛却浮华，放弃毫无内涵的美，追求内外兼修，已经成为很多现代女性对自己的要求，而修养不但让一个女人的品质有所提高，让她更有气质，更有内涵，而且修养也是滋润他人心田的香茗，让自己得到提高的同时，也让身边的人感受到与你交往的价值。而女人要提升自身的修养，一个很方便的途径就是多与有修养的人共处。跟一个有修养的人在一起，你也会受到他（她）的熏陶，无意识地提高自己的素质。

**与有修养者共处，你会轻松自如**

提高自身的修养，追求境界的提高、精神的升华，不只让自己散发出更加迷人的魅力，也让身边的人感到神清气爽。与有修养的人在一起，你会感觉如临仙境，他（她）的真诚让你感动，他（她）的宽容让你放松，他（她）的知识让你陶醉，他（她）的善良让你赞美。你不必担心他（她）素质太低，而用不正当的手段与你竞争，也不用担心他（她）是小人，需与他（她）保持足够的距离，他（她）不会给你带来压抑感，更不会让你觉得人性复杂与恶劣。

与有修养者共处，你可以率真而坦诚，轻松自如地展现出一个真实的自我。他（她）的内涵能够吸引你，他（她）的风度能够让你感叹，他（她）的气质也能让你心旷神怡。他（她）的笑容总是发自内心，他（她）的语言也是那般美好，与他（她）交流，如饮甘露，如品香茗。

**与有修养者共处，你会追求进步**

对于美好的事物，我们总是心向往之，并且乐于去追求，去争取。有修养的人会有健康的心态、谦恭的态度、良好的人缘，还有充分的工作热情。他（她）的每一项优点都是那么的明显，让你不由地发觉，这些美好的方面也是你想要的。于是，你也会去追求，你会在意自己的形象，在意内心的充实，在意别人对自己的看法，你也在向着有修养有、内涵的方向发展，开始注意细节的你已经逐步地有了提高，于是，你的气质也会有所提升，而你也将收获更好的人缘与职场成果。

古人云："近朱者赤，近墨者黑。"有修养的人不只让自己的精神品格更加高尚，也会用自己的一言一行感染身边的人。当一个团体中的人都在追求内外兼修时，那么这个团体将会更加强大，而修养便是让这个团体强大的催化剂。修养不止丰富自己，也会刺激他人的品格迈向新的台阶。因此，树立良好的修养品行，也能为自己塑造完美和谐的环境，为自己创造更多的快乐。

**与有修养者共处，你会忘却烦忧**

每个人都有自己的特色，有的人开朗，有的人深沉，有的人内敛，有的人忧郁，而有修养的人总是展现出自己阳光的一面。他（她）步态优雅，笑容可掬，彬彬有礼。在社交场合，他（她）总是

那么的引人注目，因为他（她）注重礼仪，落落大方；在工作场合，即使再繁忙再劳碌，他（她）也总是能打起精神，以最好的状态投入到工作当中。

有修养的人，他们认为生活总是充满阳光，灿烂而美好，当然也不是因为没有烦恼，而是他们懂得将烦恼搁置，以乐观的心态面对人生。他们会把快乐传递给每一个人，你会感觉他们如同快乐的天使一般，让人愿意与之接触，愿意与他们共事。

**与有修养者共处，你会感到人生充实**

有修养的人，不会将美的定义肤浅地停留在外表上，而是内外兼修，追求品质的强化、内涵的充实。他们富有人情味，也具备丰富的知识。有修养的人如同一本永远都读不完的书，这本书不仅有着漂亮的封面，更有着深邃的内容，言辞不浮躁，内容不庸俗。你心甘情愿做它的读者，在书海泛舟，获得知识，追求感悟和真理。

人生亦如此，心浮气躁的人总是追求名利，却忽略了踏踏实实地进步；而心态悲观的人，人生恍然而过，却不懂得品味人生的快乐；而有修养的人则优雅沉稳，能容能忍，他们从不去计较所得所失，他们永远都意气风发，坚强乐观。与有修养的人共处，你会学习他们的优点，用乐观的心态面对人生，用积极的态度去迎接人生中的每一次挑战，在风雨的磨炼和经验的积累中获得进步。你总是能看到人生美好的一面，不会因为一点挫折就消极悲观地否定一切，在漫漫的人生之路上，你会体验到拼搏的喜悦，更会感受到人生的充实。

# 礼让使人生道路更宽阔

礼让是一种有礼貌的行为，它不但避免了矛盾的产生，也体现了一个人的素质。懂得礼让的女人，不但具有翩翩的风度，也具备高雅的气质。我们知道，当两个人狭路相逢时，礼让是最好的解决方式。否则，彼此相持不下，只能浪费时间。一个不懂得礼让的人，会让人觉得自私，并且招人厌恶，而在恰当的时候能够做出让步的人，则会让人尊重。礼让让女人的人生道路更宽阔，也让女人在人生的道路上更加顺畅地为自己撑起一片晴空。

在社交场合，礼让是一种必备的礼节，正是因为有了这种礼节的存在，才使得人与人之间的交往充满和谐与默契。对于女人而言，具备礼让的素质更是有修养的体现，礼让不仅体现了女人良好的品质，也让自己的形象更加完美。一个有礼貌、懂礼让的人，别人更乐意与之交往；而不懂得礼让的人，会让人觉得度量狭小，发生利益冲突的时候，总是不肯做出半点让步，甚至连话不投机，都要不依不饶，这样的女人只会让人敬而远之，因此，懂得礼让，会让女人在社交场合大放异彩。

陶敏是家里的独生女，从小被父母娇生惯养，养成了唯我独尊的性格。在学校时，陶敏学习好，人长得漂亮，老师和同学们都很喜欢她，可是，到了社会上之后，她却感觉到了压抑，因为社会是一个

充满竞争的大舞台，每个人都想表现出自己最优秀的一面，而不是以某个人为中心。在激烈的竞争中，难免出现一些相持不下的局面，这时，往往退一步就能海阔天空，而每到这个时候，陶敏总是咄咄逼人，不肯退让半步。她把礼让当成了示弱的表现，也就是对自己的否定，于是，总是非常强势的她在社交中不但没有建立起良好的人缘，反而招来了许多人的讨厌。别人总是避她三分，没有人愿意主动与她交往。

在社交中受到挫败的陶敏，一开始以为是“木秀于林，风必摧之”，可是，当她用客观的目光去看待别人时，发现也有其他的女性很优秀，却备受大家的欢迎。随着大家对陶敏的疏远，她也开始审视起自己来，以前她从来都是我行我素，只觉得自己长得漂亮，学历又高，工作能力也不差，论外貌、论能力都不错，却忽略了与人的相处之道。于是，她开始磨平自己的棱角，将自己融入集体大家庭中，而且不再为我独尊，给予别人充分的尊重，并且懂得礼让。虽然以前的性格已经很多年了，但她还是努力地改变自己，而她的改变也让别人对她刮目相看，并且逐渐地接受了她。

一个女人处在一个大环境中，更要表现出自己的素质，在任何时候都事事要强的人，不见得就一定会得到更多。什么都想压倒别人的人，有积极向上的精神固然是好的，却完全不懂得礼让，只会给人无礼与傲慢的感觉，甚至引起各种不必要的矛盾及纠纷等，所以，必要的时候，藏起自己身上的锋芒，和颜悦色地处理事情，比针锋相对要好得多。跟别人相处，认真做到礼让，才能够用一颗包容的心去对待别人，宽容别人，而不至于让太多的摩擦占据生活的主流，毕竟小肚鸡肠的人永远不会受人欢迎，相反，有一定的度量，能够心胸开阔的女人更让人心生敬意。礼让也是女人们修身养性的一个重要方面，学会礼让，会让女人自己更加心如明镜，不至于因为一些小事搅得心绪不宁。

礼让不但是现代女性必备的良好素质，也是社交中立于不败之地的重要法则。守礼仪的人会给人留下良好的印象，而懂得谦让的人更加落落大方。必要的时候，就退一步，去享受海阔天空的明净，对他人做到礼让，能够与更多的人建立起良好的友谊，也能够体验到与人交往所获得的乐趣。

做一个有礼貌、懂礼让的女人，不但让你的修养更上一个新的层次，让你展现出一个全新的自我，而且也会让你获得别人的尊重，让你避免不必要的争执与矛盾，收获良好的人际关系。

# 把吃亏当做占便宜

在日常生活中，我们跟人打交道，难免会发生一些磕磕碰碰的事情，甚至因为这些问题给自己造成一定的损失，这时，采取不同的态度将会对日后的工作以及自身的状态有不同的影响。在与人交往的过程中，吃亏在所难免，而能够把吃亏当做占便宜的人则更容易从失落的状态中站起来，以全新的姿态迎接新的生活。俗话说“有失必有得”，你在这个方面失去了，或许又在另外的某个方面得到了一些东西，而同一件事情也可以用辩证的眼光来看待，也许你失去的是某件事物，可是你得到的却是某方面的经验，那么在以后遇到类似问题的时候，你也会以更老练的方法去应对，从而收获更为丰硕的果实。

把吃亏当做占便宜，并不是傻，也不是软弱，而是因为有些事情已经发生了，在无可挽回的情况下，把精力放在不停地抱怨、倾诉对现实的不满上，不但影响了心情，也可能会影响接下来要做的事情。相反，能够及时发现问题出现在哪个环节，思考如何去解决，如何防止类似的事情再次发生，那么这样的人不但心态明朗，而且也会在以后的日子里表现得更加出色，“吃一堑，长一智”，经验与教训在某些时候要比物质宝贵得多。有的时候，表面上你是在吃亏，可是倘若深究，或许正是这样的吃亏才让你有了更多锻炼的机会，甚至让你的潜能得到了更好的发挥，从而为自己的发展打下了良好的基础。

文慧和舒雅一起应聘到一家公司上班，并且进入了试用阶段。这个公司规模不大，没有专门的保洁人员，所以打扫卫生的事情便落在了员工的身上。这里的人总喜欢“欺负新来的”，有事情就打发她们去做，文慧对此很是不满，总会故意推却，甚至直言顶撞“我又不是你的用人”，于是大家有事也就不再找她了。

而舒雅则采取了完全相反的态度，当别人让她去做某件事情的时候，她常常很开心地去做完，因为这样可以接触到公司内部不同的环节，甚至还能学会用一些仪器等。不久，公司对新员工进行考核，舒雅全部过关，而文慧却傻了眼，因为领导所考核的内容正是工作的流程以及各种仪器的使用。文慧放弃了很多跟别人交流的机会，也因此失去了在这个新环境中成长的机会。

有时候，我们看似要比别人操更多的心，做更多的事，然而，我们也会因此得到新的收获。并不是每一件事情都是徒劳无功的，有舍才有得，舍与得有时甚至是一个长期的反应，这就需要我们有足够的耐心和信心。把吃亏当做占便宜并不是一种得过且过的消极心态，而是在遇到问题时能够保持淡定与乐观，与其去为已经失去的东西纠结，不如将心放宽，停止抱怨，以全新的姿态迎接下一个挑战。

其实，不计较得失还表现在日常生活中的与人相处方面。我们都知道，在日常生活中与人接触，产生摩擦在所难免，倘若得理不饶人，那只会让人觉得你小肚鸡肠，而那些在吃亏时依然能够以豁达的心态去面对的人，则会表现得更加出色，更加受人欢迎。当别人弄坏了你的东西时，也许因为你的谅解，你会收获一份宝贵的友谊，甚至在你遇到麻烦的时候，他们也会伸出援助之手。当别人抢了你的风头时，你所选择的不应是嫉妒，而是去检讨自己身上的不足，从而让自

己更加进步，那么，等待你的便是更好的机遇。

对自己得失的计较，换来的未必全都是“得到”的结果，相反有一个结果是肯定的——给他人带来不快，并让自己周围的事情变得越来越尴尬，更有甚者，最后落得无人相助。失去了良好的人际关系，这岂不是失去的更多?

得失问题，本来每个女人都会考虑，但不要过分拘泥，患得患失会影响自己的心态，一旦工作和与他人交往成了一种时时刻刻都要考虑得失的事情，那么人便会被其引起的糟糕反应所包围，因此便显得过度谨慎甚至偏执，这就必然会影响到自己的精神状态。如此一来，产生的连锁反应就会导致更多的麻烦，成了“得不偿失”。

其实在生活中，不是所有的事情都那么重要，我们不妨调理好自己的心态，梳理好内外的生活，养成良好的思考习惯，更多地了解自己。女人一旦变得开朗、大度，就会受到众人的欢迎，更会赢得意想不到的机遇，而这远比“计算”眼前得失来得更加长远。

在生活中喜欢斤斤计较的人，不但常常让自己的心情添堵，也会让别人不敢接近；而能够以豁达的心胸面对生活，把吃亏当做占便宜的人，则会让人感觉到她的内涵与风度。愿意与之接触，因为她的修养让人崇拜，她的精神让人感动。所以，做一个有修养的女人，具备这种把吃亏当做占便宜的心态是非常必要的。

# 帮助别人，快乐自己

助人为乐是一种良好的品质，只有大家互帮互助，才能避免更多的麻烦。人的能力是有限的，所遇到的问题也未必是自己能够解决的，此时，就会需要别人的帮助。当然，你在帮助别人解决困难的同时，或许也能收获一份美好的友谊。小到一个家庭，一个集体，大到一个社会，缺少了互帮互助的精神，家庭难以和谐，集体难以强大，社会难以进步，因此，请伸出一双热情的手，从帮助别人中获得一份喜悦，也强化自己的能力，和谐自己的人际关系，让这种快乐成为自己强大工作压力下的一份调味剂，让生活更加美好。

搬开别人的绊脚石，有时候恰恰是捡到了自己所需要的铺路砖，虽然我们帮助别人的时候并不会去考虑日后能得到什么样的回报，但是至少帮助别人会让自己更加快乐，这是做成一件有意义的事情之后的充实。不要吝啬对别人的帮助，只要力所能及，我们就应该献出的举手之劳，不为丰厚的物质回报，只为收获一份快乐，一份感激之情。

“一个篱笆三个桩，一个好汉三个帮”，我们的工作与生活离不开别人的帮助，而只有愿意去帮助别人的人，才能获得别人真心的帮助。当别人失意落魄的时候，不要吝啬你的安慰，你的一句话就可能让他重新振作；当别人遇到问题却无力解决的时候，请伸出援助之

手，你的一个简单的行动就可能改变别人的一生；当别人需要某种东西的时候，不妨借给他，一个简单的举动就让你日行一善，何乐而不为呢？

赵可是一个非常热情的女孩，她喜欢帮助别人，而且从来不在乎是否会得到回报，因为每一次帮助别人，她都由衷地感到快乐。公司里独在异乡的同事生病了，赵柯会很细心地照顾她，给她家人一般的温暖；新来的同事有一些事情不懂，赵可就认真地告诉她，从来不会论资排辈地摆什么架子，更不会嫌麻烦；有的同事临时有事，赵可会心甘情愿地代劳，只要自己能够做到。而提到赵可，别人都会赞美她的热心与乐于助人，夸她是一个快乐的天使。

正是因为赵可的乐于助人，她收获了良好的人缘。公司里的同事都非常喜欢她，而且她有什么问题，别人也都乐意全力帮她。赵可的电脑坏了，同事便很快来帮她修理；她需要加班了，也会有好心的同事给她带来工作餐。在别人看来，赵可简直就是受到大家的偏爱，其实，她之所以受到别人的喜爱，跟她的乐于助人有很大的关系。

喜欢帮助别人的人，喜欢的是在帮助别人之后的那份满足感，她们不求回报却往往无意中收获更多；相反，那些对别人的困难视而不见的人，往往难以获得别人的喜爱。

田蕊是一个非常高傲的女生，尤其是最近应聘到一家大型公司上班，她更是自以为是。上班第一天，她穿得漂漂亮亮地来到了公司，刚出电梯，就看到有个女人因为抱了太多的东西，结果文件散落了一地，而她不方便弯腰去捡，看到田蕊来了，她便请求道：“小姐您好，可不可以帮我捡一下？”

“你自己有手不会捡啊，我第一天来上门，还没进办公室的门就被人发号施令，真没劲！”田蕊很不高兴地说，她看了那个女人一眼，眼神中充满了鄙夷，仿佛在嘲笑她这么不小心，拿个文件都能散落一地，接着便从走廊的一边径直走过去。而那个女人只好将抱着的一摞东西先放在一边，然后将散落的文件一一拾起，放在这一摞东西的上面，才重新抱起。

田蕊来到办公室，刚刚坐下，接着便走进来了一个人，这个人不是别人，正是刚才捡文件的那个女人，而她正是田蕊的顶头上司。田蕊感觉到一阵窘迫，甚至是后悔，如果刚才弯下腰去帮她捡起，尽管只是举手之劳，却一定能获得她的好感；但事实刚好相反，自己不仅不肯帮她，反而用那么不客气的语气冲撞她，这一定给上司留下了非常不好的印象，在以后的工作中也将会丧失更多的机会。

生活中我们常常需要别人的帮助，也许你因为某件事情而没能出席公司的会议，那么你可能就会用到同事的会议记录；如果你中午忙工作走不开，就有可能需要同事帮你代买午餐……虽然这些都是非常小的事情，但是，如果别人不帮你，你一定会觉得对方小气，因为你觉得对方做到会非常容易。推己及人，当别人需要你帮助的时候，如果你能够热情地去帮他，那么，他的一句“谢谢”都能让你感觉到满足。

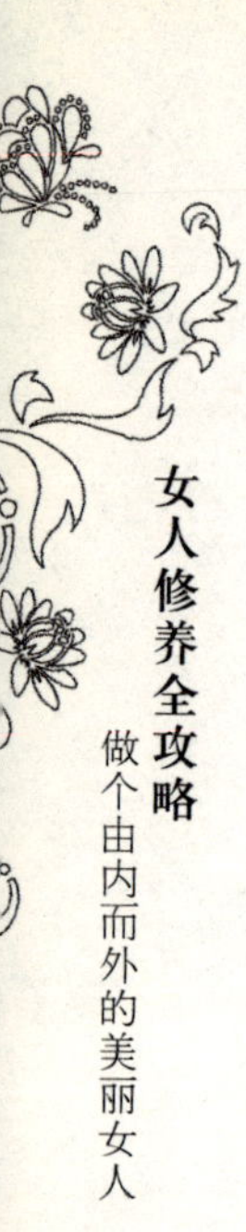



# 忍让也是一种修养

有的人说，忍字心头一把刀，凡事不能忍，就是给自己找不快。在与人交往的过程中，难免出现一些情感的摩擦，甚至是利益的冲突，有时候，忍让是最好的解决方式，因为忍让可以防止矛盾的激化，防止事情的扩大化，并将矛盾扼杀在萌芽状态。“忍一时风平浪静”不无道理，那些遇到一点小事就不依不饶甚至凶神恶煞的人，让避之唯恐不及，就更不要谈与之建立良好的关系，甚至融洽地合作了。

女人追求良好的修养，追求素质的提高，不只是要让自己外在美，声音美，气质美，而且是让自己在人与人的交往中，也要展现出各种良好的品质。懂得忍让的女人有着开阔的心胸，她们不会为了一个无聊的问题与别人闹得不可开交，也不会因为与别人的一次矛盾就不依不饶，她们有着良好的素养，对于一些不愉快的事情，能够放得下，以宽容之心待之。忍让不是懦弱，不是无能，更不是被别人攻破防线后的崩溃，忍让是一种修养，一种良好的品行，懂得忍让的人往往能够走进更宽广的天地。

杜唯与康妮都是公司的精英，无疑她们也成了对方最大的竞争对手，两个人都想表现得更好，以便获得更好的发展机会。然而，在每日的拼搏中，康妮感觉枯燥乏味，她想，领导看重的未必只是实力，如果自己在竞争中能够有一点技巧，就会很容易将杜唯打败。

一次，康妮去经理的办公室交一份文件，经理让转告杜唯，说当天派发的任务取消了。康妮回到办公室，心想，反正是将任务取消，又不是增加工作，不会影响到整个公司的运营，那就没必要转告杜唯了，让她去做些无用功吧，谁让她平时那么碍眼。

没有收到经理信息的杜唯，继续集中精力做好经理原先交代的事情，当她去交任务的时候，经理问道："我不是让康妮转告你不用做了吗，你怎么又做了？"

听了经理的话，杜唯似乎明白了什么，于是她赶忙说："是这样的，她去转告我的时候我已经做好了，所以现在把它交到您这儿来，如果有需要，再用也不迟。"经理点了点头，并从内心赞赏杜唯的心思缜密。虽然杜唯知道康妮没有按照经理的意思做，但是并不知道她是故意的，还是不小心忘记了。

然而，杜唯的忍让行为让康妮感觉到了她的软弱，于是康妮便越发猖獗了。不久，公司要派一名员工去参加一个学习活动，因为只有一个名额，而这名额锁定在了杜唯和康妮两个人身上，康妮为了争取到这次机会，竟然偷偷地将杜唯最近做好的工作书扔掉了，因为杜唯的工作需要及时完成，所以就无法去参加这次学习活动。经理似乎看出了什么端倪，当他询问杜唯的时候，杜唯只是说自己不小心弄丢了工作书，反正还记得，再做一份就可以了。而康妮则顺利地达成所愿，她以为，谁能参加这次活动，就代表谁更受领导的器重。很显然，她错了，在接下来的升职中，晋职的人是杜唯，而不是她，因为杜唯有"忍让"的气度，懂得忍让的人才不会嫉贤妒能，才会为公司更好地发掘人才，创造出更好的效益。

争一时之长短是急功近利的体现，往往不但难以达成所愿，反而暴露了自身的一些缺点，让人难以信任，更别说付与重托。而懂得忍让的人，能够包容别人的过失，力求矛盾的弱化，而不是借助小事挑起事端，甚至让两个人因为一点矛盾而闹得不可开交。在任何场合，人们喜欢的都是那些不愿惹事的女人，而一个不懂得忍让的女人，在家庭和工作中都可能闹得鸡犬不宁，让人望而生畏。

忍让也是一种修养，忍让不是因为对方的行为让自己无所适从，也不是因为自己胆小怕事，忍让者愿意用一颗宽容的心来对待别人。“人非圣贤，孰能无过”，原谅别人一次，换来的往往是平静安稳，懂得忍让的女性远比喜欢挑起事端的女性美了，忍让是一个人良好精神素质的体现，懂得忍让也会对一个人的人生辉煌大有裨益。

# 用示弱展示你的修养

人与人之间，并不是每一次比较都能有一个客观的结果，每一次争执都能得出正确的结论，把时间用在一些无谓的问题上，只会浪费时间，而有时候面对别人的咄咄逼人，主动示弱或许是让矛盾止于此的最好方式。示弱与软弱完全是两回事，因为示弱是为了避免糟糕的局面的出现而做出的理性选择，而软弱则是自己没有足够的底气硬起来。

面对生活中的一些事情，总有人会败下阵来，显得落魄而颜面无光，俨然就是一个双方竞争中的失败者。有时我们就是如此，往往通过看一个“阵势”或者是“气势”来评判孰强孰弱，甚至在不了解一件事情来龙去脉的前提下，自然认为口气大、立场硬的那一方就一定会是胜利者。其实，仔细想一下就能明白：胜者占有先机，但未必能够服众，随着时间的推移，真假对错都会浮出水面，而我们也有可能看到曾经趾高气扬、口若悬河、据理力争者最后销声匿迹的结局。

当我们与人发生争执、争论，甚至是不满与之对抗的时候，都要尽量控制好自己的情绪，因为我们即便争到了一时的对错，也不能保证自己永远都这么强大。对于各种不同情况，也要有相应的让步和宽容，了解他人的真正意图，尽力去理解对方的难处，在针锋相对时选择退让，并不是一种丢脸的举动，反而是一种更有风度的行为。于人

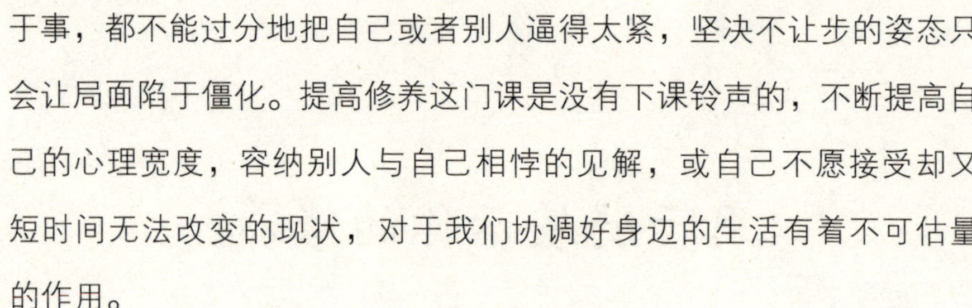
于事，都不能过分地把自己或者别人逼得太紧，坚决不让步的姿态只会让局面陷于僵化。提高修养这门课是没有下课铃声的，不断提高自己的心理宽度，容纳别人与自己相悖的见解，或自己不愿接受却又短时间无法改变的现状，对于我们协调好身边的生活有着不可估量的作用。

馨馨研究生毕业后，进了一家比较不错的单位，这里环境很好，氛围和谐，工作轻松，同事们也很热情，却唯独有一个人总是看馨馨不顺眼，动不动就跟她闹别扭。馨馨并不觉得自己什么地方得罪了她，所以不理解她这么做用意何在。后来，馨馨私底下打听了一下，才知道那个同事学历最高，人又漂亮，常常目中无人，而且曲高和寡，同事们都不愿意与她接近。她之所以不给馨馨好脸色看，一是因为她本身性格就有问题，二是因为馨馨的学历也很高，人也很漂亮，工作能力又很好，似乎盖住了她的风光，所以让她产生了嫉妒之情。

馨馨想，两个人在同一个办公室，抬头不见低头见，以后在工作上可能还有很多需要合作的地方，如果一直僵持着，恐怕对以后的发展不利；如果能够化解这种矛盾，那么以后的日子将会非常愉快。于是，馨馨便主动示弱，很尊重地对那位同事说，自己的工作经验尚浅，要多向她学习，也希望她能给自己多一些指导，不吝赐教。

馨馨不仅示弱，还总是不经意间夸她漂亮、有气质等，而且言辞毫不浮夸，完全不带有讨好性质的恭维，那位同事本以为馨馨是个非常傲慢的人，没想到她居然主动示弱，于是，对馨馨的戒备之心也就消除了，甚至开始乐意与之交流。在交流的过程中，馨馨始终保持对她的尊重，从来不拿自己比她强的方面去打压她。馨馨不但与这位同事建立了良好的人际关系，而且在许多的工作中也得到了她的全力配合。众人万万没想到，原来馨馨打破坚冰的方式竟然是主动示弱。

示弱并不是一定要贬损自己。每个人都有不如别人的地方，发现别人强于自己的优点并予以认可，也是一种示弱的方式。示弱往往能够缓解对方的防范心理，缓解对方的紧张情绪，甚至能够化解矛盾，而敢于示弱的人不只是有着长远的眼光，也具备十足的勇气。

示弱是展示一个人修养的表现形式，你不会因为示弱而让自己显得渺小；示弱也能体现你识大体、顾大局的品质，体现你勇于忍让的品格。能够示弱，说明你也能发现自己的弱点之所在，因此，你更能有针对性地提高自己的素质，让自己的修养与技能迈上新台阶，让你的人格有所升华、魅力得到提升。

# 不要显得比别人聪明

有句话叫做：“是非只为多开口，烦恼皆因强出头。”喜欢强出头的人往往喜欢显得自己比别人聪明。有的女人总是有很强的表演欲，希望成为众人瞩目的焦点，为此，她们除了通过让外表光鲜吸引别人的目光之外，有的人还喜欢出风头，以此来显耀自己的聪明才智。然而，并不是每次出风头都会让别人觉得她很聪明，反而会觉得那只是一眼见底的浅薄，是毫无内涵的表现，更是没有素养的体现。有些时候，女人含蓄内敛一点往往比炫耀自己的聪明更惹人喜爱，显得比别人聪明，是对别人的不尊重，甚至是对别人智慧的一种否定。要想获得良好的人际关系，就要尽量避免出现这样的问题。

在一个群体中，希望被别人关注并不为过，然而，突显自己比别人聪明这种行为却不可取，因为这不但表现出了自己哗众取宠的肤浅，也冒犯了别人。其实，要想获得别人的关注，只要表现出一个内外皆美的自我即可，采用不受人欢迎的手段，只会落得别人的埋怨，最终惨淡收场。

冉冉上学时素有“会跑的百科全书”的称号，因为出生在书香门第，有一个知识渊博的父亲和一个大学教授的母亲，冉冉从小受到了很好的文化熏陶，懂的东西特别多，而且涉及的范围很广。在大学时，很多同学遇到问题常常会找她解答，众人对她的赞美与羡慕也让她有了一点小小的成就感，甚至她用这样的成就感来满足自己的虚荣心。

大学毕业后，冉冉参加了工作，这里的同事都有几年的工龄了，对工作也比较熟悉，相比之下，冉冉倒是成了最没有经验的一个，上学时候的那种优越感便丧失殆尽了。可是，冉冉不甘心就这样落于人后，她总是想办法崭露自己的聪明才智。有时候，当别人正讨论某个话题时，她常常过去插上几句，代别人把话说出来。而每次公司有什么问题，当她说自己懂的时候，会故意让公司的每一个人都听到。

有一次，同事请她帮了个忙，本来人家挺感激她的，可是她接着说了一句“有什么不懂的尽管问我”，让这位同事感觉有些难堪，毕竟同事的工龄比她大很多，而且又有那么多人在场，冉冉的这句话说得实在不恰当。几个月后，大家似乎都知道冉冉是个“聪明”的女孩，可是却没有人欣赏她这种聪明，甚至不喜欢与她共事。

聪明固然是好的，但是如果拿出来炫耀，甚至故意拿自己的聪明来挤压别人，去显示别人的“愚笨”，恐怕这才是一种真正愚不可及的行为。聪明不是用来表演的，故意显得自己比别人聪明，会无意中伤害到别人的自尊，会让别人陷入窘境，而这种行为也是在贬损自己的形象，最终导致自己陷入窘境。

如果你有聪明的头脑，请不要以此为资本显耀于人前以换取别人的关注，因为谦虚的女人才更让人敬爱，让人钦佩。故意显得比别人聪明是一种不成熟的表现，这种行为也是没有修养的体现。一个有修养的女人应该懂得尊重别人，更应该懂得内敛智慧的重要性，她们明白静水流深的道理，懂得谦虚，不会刻意地表现自己。女人有内涵才更有吸引力，哗众取宠只会让别人嘲笑你的浅薄无知。为了强调自

己的聪明而去贬低别人，更是一种不可取的行为，不但让别人心生厌恶，也显得自己没有教养。

与人相处，尊重别人是最基本的前提，而只有尊重别人，才能获得别人的尊重。对别人的尊重并不只是不与人冲突、说话用礼貌用语那么简单，因为生活的细节也会与别人息息相关，你的一个小小的举动就可能给对方带来影响，因此，谨言慎行是非常可取的相处之道。如果故意显得比别人聪明，在别人遇到不懂问题的时候，你代为解答，这对别人来说只是一种帮助，可是，你如果因此而炫耀自己的本领，就等于对他人的否定，是极度不尊重别人的表现。

要想提高自己的修养，做一个受人欢迎的女人，就要杜绝这些不良习惯，谦虚、热情，在做某些事情之前也能够考虑一下别人的感受，这样，你才会显得比聪明的人高明得多。

# 第十一章

## 坚守性情修养，淡泊宁静中收获美丽人生

女人好性情，生活乐趣多。女人坚守性情修养，以乐观的心态面对人生，时刻注意陶冶自己的情操，展示自己的魅力，提高生活的品位，在紧张的生活之余学会放松自己，发现生活中的美好，她的人生才会晴空万里，才会美丽多姿。

# 乐观面对人生每一天

天，不会总是晴的，有时候会布满阴霾，也会下起大雨，如同人生不会总是一帆风顺，有时候也会有挫折，也会有坎坷。你给生活以抱怨，生活不会因为你的抱怨而对你有所迁就，而你如果能够以乐观的心态面对每一天，那么你的人生将会更加充实。快乐是一天，不快乐也是一天，为什么不让自己活得更潇洒一些呢?

拥有乐观的态度，就不要总是把心绪凝结在一些不愉快的事情上面。也许你会觉得别人拥有的东西那么多，而你拥有的却那么少，这样的心情缠绕着你，让你闷闷不乐。其实，你完全可以换一种心态去看待，至少你已经拥有了一些东西，不要总是抱怨生活不公平，多想想生活中美好的事物，比如，你有一份还不错的工作，你有一个美满的家庭，你还有很多好朋友……你不会因为无事可做而感觉无聊，不会因为缺少关爱而孤独寂寞。对于暂时还没拥有的，可以努力去拼搏，去争取，因为你还有时间，还有精力，而且，你还年轻。

拥有乐观的态度，在面对挫折的时候，你不会让心情一下子沉到谷底，因为事情往往会有转机，而保持昂扬的精神状态，你才能跟困难好好地战斗，才能取得胜利。相反，如果你态度低沉，那么，这种不良的精神状态就有可能影响接下来的工作与生活。我们常常听到有人说“最近非常不顺”，接着便列举最近遇到的诸多不顺利的事情。

其实，有些不顺利的事情是可以避免的，只是在出现了第一次不顺利后，他们没有及时将心态调整过来，导致后面的事情再次出现疏漏。而保持乐观的态度，则能够让精神保持高昂，精力依然像往日一样集中，不会被出现的问题所干扰。

我们都知道“塞翁失马”的故事，塞翁的淡定让我们佩服，在他淡定的背后有一种难得的精神，那就是乐观，因为乐观，所以豁达。对一个女人而言，保持乐观的状态与豁达的精神，不但有益于自己的身心健康，而且还能将快乐传染给身边的人，也会让他们感觉到愉快。在家庭中，没有男人喜欢自己的妻子犹如怨妇，整日愁眉苦脸，仿佛生活欠了她太多的债；在职场中，不会有人喜欢跟一个充满哀怨的女人合作，因为太悲观的人让人难以与之交流。

西班牙有句谚语：“纵声欢唱的人会把灾祸和不幸吓走。”保持乐观的精神，当你在淡泊中明志的时候，会感觉到快乐，当遇到问题时，依然相信阳光总在风雨后。纵使生活中布满荆棘，具备乐观心态的你一定能够披荆斩棘，在前进的过程中收获丰富的乐趣。

蔡颖是一个坚强乐观的女孩，她的生活总是充满欢笑，然而，这种欢乐的日子在她23岁那年却遭遇了袭击，她在一次爬山时不慎摔下山崖，导致右腿严重地摔伤，虽然经过治疗后已无大碍，但此后她却只能瘸着一条腿走路了。对于正值青春年华的她，这无疑是一个重大的打击。她不想出去，不想见人，整天沉迷于网络，家人都很为她担忧。

后来，蔡颖从网上看到很多残疾人顽强拼搏的事迹，她想，自己这样又算得了什么啊，如果从此自暴自弃，那么自己的人生将永远暗淡无光。于是，她重新振作起来，开始写网络小说，经过一番努力，

终于成为某网站的签约作家，并且拥有了很多书迷。现在，她再一次感到自己的生活无比充实而美好。

如果当日蔡颖不能重新振作，不能以乐观的态度投入新的生活当中，那么今日的她恐怕只会怨天尤人，又怎么会取得这样的成绩呢？

有些事情已经发生了，倘若无力改变，与其整天挂在心头，不如早点放下，悲观的心态不但会让人感觉生活无望，而且也是对身心的摧残。拥有乐观的心态，学会从不同的角度看待问题，你会发现原来人生是如此美妙，甚至连挫折都能让你大有收获。时常给自己一个微笑，给自己一点鼓励，在漫漫的人生路上，让乐观做你的保护神，你将不会再为一些琐事纠结，不会再为一些烦恼困惑。

乐观的心态能让你的身心放松，并且健康长寿。很多老年人，看破世事的淡泊，因此而拥有了一种豁达的心态。我们应该趁着年轻学会豁达与乐观，这样才不至于遇到问题时束手无策，更不会让人生留下遗憾。乐观的人生是趋于完美的，而具有乐观心态的人往往更能发现人生的意义，更觉得整个人生不虚此行。

# 怡情养性尽在音乐中

音乐能够陶冶人的性情，常听音乐的人往往善于控制自己的情绪，并且能适应紧张的生活节奏，当心情焦虑时，听一段音乐，可以让自己暂时忘记生活的烦恼，舒缓自己的不安；愉快时，听一段悠扬的音乐，能让音乐与快乐的心情结合，让身心得到更好的净化。

音乐的美，美在灵动，美在意境，你可以跟随着它的旋律、它的节拍进入另一个境界，或高山流水，或蓝天白云，或纯情校园，或潇洒人生，不同风格的音乐会带给人不同的感觉，然而，它们却同样能调动人的情感，让进入身体的是放松激昂的状态，这样不但能使人精神更加饱满，强化记忆力，而且也能让人在欣赏音乐的过程中体味更多的人生乐趣。

在紧张的工作之余，听音乐能够放松神经，舒缓压力，一些美妙的音乐能够让人如临其境，闭上眼睛，便是一些让人陶醉的景致；有的音乐慷慨激昂，更能激发人的斗志，让你所向无敌；有的音乐饱含浓浓的人生情味，让人思绪万千。一些具有古典韵味的歌曲，则让人身心愉悦，追求更高的境界；而那些优美的钢琴曲，则让人心胸开阔，更有海纳百川之气魄。如果常听外文歌曲，不但会受到另一种格调的熏陶，还对外文水平的提高有所帮助。

总之，音乐不但能帮助放松身心，还能起到怡情养性的作用，闲

暇之余，让音乐来相伴，你更能体会到别样的美妙。

米蓉是一个喜欢听音乐的女孩，而且她所喜好的范围颇广，因为公司离住处有一个小时的车程，所以在上下班的公交车上，她常常会听一些流行歌曲，这些流畅的曲调与平易的歌词深得她的喜爱，而对于刚刚离开工作场合的她，听歌曲能够缓解压力，让自己重新投入生活当中。

吃过晚饭，米蓉常常会听一段古筝曲，此时的她往往闭目养神，随着筝曲的引导，她幻想着或明丽或开阔的画面，心情也变得舒畅起来。

不仅如此，米蓉在家里锻炼身体时，也常常放上一段舞曲，随着节奏的响起而活动身体的不同部位。这些都让她感觉仿佛充了电一般，整个人充满了活力。

懂得经常用音乐来放松自己的米蓉，不但能在工作的时候保持投入，发挥出自己的最高水平，而且在休息的时候也能受到良好的效果，她极少失眠，常常保持着精神百倍的状态。

音乐不仅能让人放松神经，精神饱满，提高人的艺术境界，而且还会激发人的灵感。很多喜欢创作的人常常用听音乐的方式来启发自己的思维，在音乐的刺激下，他们文思泉涌，或奋笔疾书，或挥毫泼墨，能够创造出让人欣赏的艺术作品。

一首好听的歌曲可以充分调动人的情绪，让人在音乐的熏陶中舒缓压力、释放自我。在这个层面上，音乐已经不再是简单的娱乐了。娱乐是文化艺术作品的一种效用，而音乐承载的内容扩展得更大，不单是悦耳赏心，也是情感的表达，音乐不仅能将旋律借助声音表达出来，更有着深层次的韵味。

也许我们平时很忙，没有太多的时间去品味不同的音乐，不过有这样一个追求却能点亮自己的业余生活，如同在一幅画上下了一笔点亮画面的色彩，如同我们女人对自己的点缀。音乐对于生活，好比浮在小溪上的叶子，虽然不像小溪那样清澈透亮，也不像水下玲珑的卵石因为潺潺的波纹而显得有形又富有变化，但是它却点缀了整个景致。音乐使女人更加明丽清秀，使如水般透明的女人加上了鲜花绿草般的芳香。音乐给女人带来一种美好的情绪，宁静安逸，而音乐所富有的情感如同一个完整的故事，不仅美丽，也变成了一幅流动的画作，或是古典的凝重，或是自然的祥和，或光彩夺目，或前卫大胆……这些都能让女人的内心富有不同的情感也拥有音乐的节奏和变化。

听音乐能让心情更加洒脱，情操更加高尚，既有利于身心的健康，又有利于精神的饱满。周末的时候，播放一段轻轻的音乐，让自己从繁忙的状态中彻底解脱，是一件很美的事情，而静倚床边，听自己喜欢的歌，看着窗外的车水马龙，又是一番别样的意境。去公园时，在美丽的景致中戴着耳机，悠扬的音乐在这样的美景中往往更能陶冶人的情操。音乐流淌到人的心中，让人更加舒心惬意，怡情养性，因此听音乐不失为一种让生活更加美好的选择。

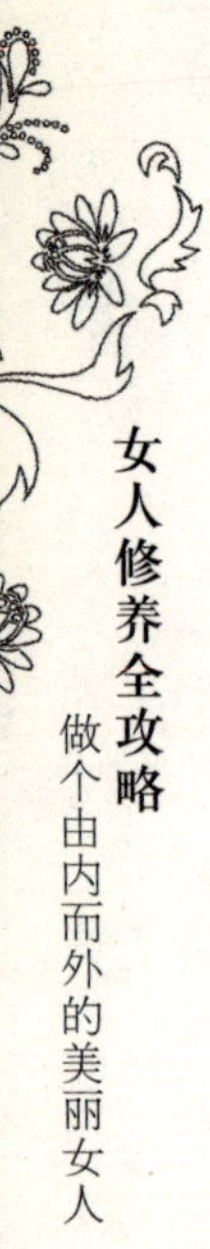



# 厨房体现出女主人的生活品位

“上得厅堂，下得厨房”，这是很多男人选择另一半的标准，可可见，现代的女性在追求外在美的同时，也要兼顾内在美。然而，很多女人只注重了“上得厅堂”，却忽略了“下得厨房”，其实，能够下得厨房，不仅可以烹饪出自己喜爱的食物，也能为家人做出一道道美食，营养且健康。

女人的美有一部分是吃出来的，具备精湛厨艺的女人也让人欣赏不已，因此，厨房跟女人密不可分，而透过厨房，我们更能看清女主人生活的品位。厨房是与生活息息相关的地方，厨房的规整、整洁能够映射出一个女人的生活习惯，生活习惯好的女人，生活品位相应比较高；反之，如果厨房给人一种乱糟糟的感觉，让人都不愿多看一眼，那么，对这位女主人，恐怕也难以提起兴趣。

**厨房整洁，反映了主人勤劳健康**

尽管现代生活的节奏非常快，每个人都在追求高速高效，但是决定成败的往往还是细节。应对激烈的竞争与强大的工作压力，最基本的是要有一个健康的身体，而健康除了跟体质的强弱、锻炼的频率、睡眠的质量、心态的调整有关，也跟饮食有着密不可分的联系。饮食是否干净，营养搭配是否合理，都对健康有很大的影响。

忽略饮食健康的人恐怕难以让饱满的精神状态持久，而注重饮食健康则可以有效避免一些疾病的产生。

能够花一点时间为自己做饭的女人，是懂得珍惜自己的女人。虽然现在快餐店比比皆是，各种小吃也数不胜数，而且在外面吃饭也一样能够搭配出营养且实惠的饮食，但是如果按照自己的口味亲手去做，合理搭配营养，这样的女人更是值得表扬的。然而，每一个下厨的女人又各不相同，有的人能够将做饭作为一件很严肃的事情去做，而有的人却是草草了事，这些通过厨房的整洁程度就能够看出来。

一个把厨房收拾得非常干净卫生的女人，想必也是个非常勤快的女人，这样的女人不管是普通的上班族，还是职场精英，她们身上所带有的这种美是无可比拟的。而厨房的干净会保证食物的卫生，从而也为身体的健康提供了良好的保证。

### 厨房规整，反映了主人做事有条理

我们知道，虽然做饭看似简单，但简单其实是因为熟练。这其中包括很多环节，厨房里陈设的东西有很多，有用来做菜的配料，有各种厨具以及各种餐具等。

如果一个厨房乱七八糟的，我们往往会觉得主人应该是个做事毫无条理的人，甚至自己用过的东西都不记得放在哪里，那么做饭的时候难免会手忙脚乱，并且影响做饭的质量。如果厨房里的东西摆放规整，每件东西都各归其位，找来方便，用来顺手，做饭时自然也会轻松得多。

一个人的习惯是可以以小见大的，一个把厨房收拾规整的女人，我们往往会想到她做事干练，没有丢三落四的习惯，更会觉得她做事

有条理，让人信得过。

**厨房菜品，反映了主人的品位**

每个家庭的厨房都有不同的风格，有的复杂，有的简约，其实，厨房的风格也是主人性格的反映，厨房的内容会反映出主人平日为人处世的一些态度。比如，有的人总是准备好接下来两天的蔬菜，以便下厨之用，这样的女人往往喜欢有备无患，提早准备好食物对她们来说是一种稳妥的预备；有些人的厨房中常常是空的，她们喜欢每次想动手做饭了才会备餐，这类人往往是喜欢接受挑战，并能灵活应对生活中出现的问题，她们具有坚强的意志与不屈不挠的精神；还有的人喜欢在厨房里堆积下很多食物，然而却是供过于求，导致蔬菜烂掉，不能正常食用，这类人往往希望安逸，害怕挑战性的事情，然而，却往往由于自己的畏畏缩缩而错过良好的机遇。

女人都希望自己气质动人，而气质与女人的修养息息相关，但品位更是女人修养的一个重要组成部分。提到品位，我们往往会想到名贵的东西，然而，要拥有名贵的东西需要一定的财力，并不是每个人都能做得到。事实上，品位未必一定要由金钱来决定。倘若做不到名贵，那就向精致靠拢，一个干净整洁、井井有条的厨房，能反映一个女人精致的细节，也是女人有品位的表现。

# 让情趣丰富一些

丰富的情趣不但让生活更加充实，也能让一个女人保持健康有活力。倘若只是公司与家两点一线，只是工作与休息两种状态，难免让人觉得无聊，而无聊的生活更容易让女人走向衰老。没有情趣的女人往往没有多少内涵，别人与之交流，看到的只是她的空洞。所以，让情趣丰富一些，不但让自己的生活更加丰富多彩，也会让自己更加博学，谈吐也更加风趣。有情趣的女人懂得浪漫，更懂得如何与人相处。

人与人有共同语言，才会有更多的交流与接触，没有情趣的人通常不懂得去欣赏别人的特长，虽然自己的生活已然枯燥乏味，但她们同样会以不理解的态度去看其他人的情趣，将所谓的情趣视为不务正业，视为无聊无趣。其实，有情趣的女人更能发现生活中的美妙，细致地去感受生活中的美好，让自己的生活更加多姿多彩，也能够陶冶情操、升华品质。

生活并不是只有衣食住行，也有鲜花与小鸟，所以，能够用欣赏的眼光去看待生活中的事物，用情趣来点缀生活，才能更好地享受生活，这样的生活才是完美而充实的。

安雅曾经也年轻、时尚过，然而结婚之后，却跟变了个人似的。她安于家庭中的小国寡民而过早地走向了老成，尤其是有了孩子之

后，她将精力都放在照顾孩子上，抛弃了从前所有的爱好。丈夫放了10天年假，想跟安雅一起出去旅游，安雅却推辞道："我还要看孩子，你自己去吧。"丈夫提议把孩子送到爷爷奶奶那里，安雅又说旅游没什么意思，美丽的画面在电脑上一样能看得到。丈夫有些失望，但是这次并没有埋怨，毕竟孩子还小，安雅也是因为这个家才没有答应。

丈夫非常怀念恋爱的那段时光，他欣赏安雅丰富的才学，喜爱安雅漂亮的容貌，更敬慕她有动听的歌喉。那个时候的安雅，活泼开朗，总喜欢为他唱情歌，让他心花怒放，他愿意将安雅娶回家，一世珍爱，可是没想到，结婚后的安雅竟然跟变了一个人似的，似乎总是有忙不完的家务，没有时间去兼顾自己从前的爱好。回忆起从前，丈夫对安雅说："再给我唱首歌吧。"

安雅又推辞道："都老夫老妻了，还唱什么歌啊。"丈夫的脸上再次滑过了失落的表情，他为安雅的拒绝感到失望，也为她的改变而感觉到彷徨。但是，经过多次挫折后，丈夫已经不再指望能从安雅的身上感受到一点浪漫的气息，于是渐渐跟她有了隔阂。

后来，安雅似乎发现了这个问题。当她跟朋友讨论起来的时候，朋友告诉她，在一个家庭中，女人不仅要贤惠，还要有情趣，这样才更能让自己富有魅力。安雅似乎受到了一些启发，想想之前拒绝了丈夫的一些富有情调的建议，再想想他那并不开心的样子，显然是有些失望。于是，安雅开始改变自己，开始修身养性，修复了自己的音乐细胞，还不时地约丈夫一起下棋，一起散步。这时她才发现，原来这些从前被自己看做很没意思的事情竟然能够让丈夫兴致勃勃，而她也从这些行为中找到了新的浪漫的感觉。让情趣丰富一些，可以让女人的青春更加持久，让心情舒缓的同时，也让身体的疲劳有所缓解。

美好的情趣并不只局限于读书与音乐，而包括许多方面，如练习书法，可以宁静致远；登山旅游，可以让自己与大自然融为一体，感受天地之灵气；晨跑晚练，能让身体健康；而像剪纸这样的艺术，也能让人更加快乐，并能体味到与众不同的情趣。

将某一种情趣作为爱好并加以发展，那么它将会为你的生活带来无穷的乐趣。让情趣丰富起来，会让你的生活变得更加灿烂。一个没有情趣的女人，她的生活是枯燥乏味的，更难以带给别人新鲜的愉悦感；有着丰富情趣的女人，往往具有更强的吸引力，借用情趣来充实生活，并使自己更具有活力，从而让自己的魅力四射，光彩照人。

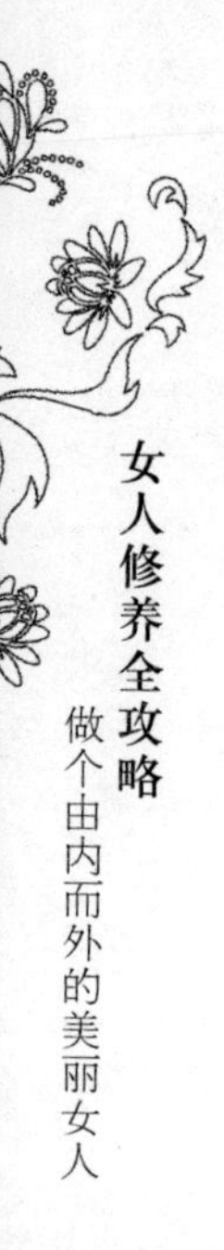


# 时尚女性的探险休闲游

新时代的时尚女性，不但对工作充满热情，敢于接受挑战，往往也会喜爱探索未知，探索神秘的领域，满足自己猎奇的心理。事实上，探索未知不但是对女人胆量的试练，也是一种极好的放松方式，对于舒缓紧张的工作情绪、缓解压力，具有良好的效果。

探险的过程中其实需要更加紧张的情绪，需要紧紧地绷起每一根神经，虽非赴汤蹈火，但须全神贯注，才能在探险中一路顺畅。尽管这样的压力是巨大的，但是探险结束后却有一种难以言传的轻松，它不止让你再度步入年轻活力的状态，更刺激了你的潜能，让你在以后的工作中更好地发挥出自己的才能。

喜欢旅游的女性，往往有一双善于观察的眼睛，有一颗善于感受的心，她们比其他人更容易发现大自然中的美。草长莺飞让她们感到愉悦，高山流水让她们心旷神怡，湖心泛舟让她们兴致勃勃，登高望远让她们意气风发……她们用心地去领略天地之造化，欣赏大自然的美好，并因此而获得身心的快乐，获得神经的松弛，从而让自己的精神状态更加饱满，并走向一个更高的层面。

探险不仅仅限于一般的旅游，还包含很多挑战的意味，探索从未知晓的事物，不但能拓宽自己的视野，也让自己在一片崭新的天地中获得精神的洗礼，这是对神秘自然的积极探索，更是对自己勇气与能力的一种挑战。

迟娜是一名酷爱探险的女孩，她最喜爱的运动是登山攀岩。虽然有人觉得一个女孩喜欢这些事情有些野，有失淑女风范，但是迟娜并不在意别人的评价，继续坚持自己的风格，并且乐此不疲。迟娜一向大胆，敢于尝试，像蹦极这样的精彩游戏也是她的挚爱，每一次挑战都能让她收获成功的喜悦，而这种喜悦也时刻鼓励着她在人生之路上昂然前行。

由于工作性质的缘故，迟娜每年都有一个月的长假，她便利用这段时间与登山俱乐部的朋友相约到从未去过的地方进行登山活动。每到一个陌生的地方，迟娜都会感到有些神圣且妙不可言，然而随之而来的却是征服的欲望。登山并不是一件简单的事情，它需要高度集中注意力，审视好自己将要迈出的每一步，并控制好身体的平衡。虽然这比在一个繁华的十字路口过马路要难了无数倍，但迟娜就是喜欢这种挑战的感觉，这种紧张刺激的快感。

探险休闲游，并不只是为了玩而去玩，因为这种惊险刺激的活动除了让人收获在不同景观中的感觉之外，也会受到人生的启发，如此困难的事情都能完成，那人生中的挑战又算得了什么呢？

迟娜在工作上也是一位佼佼者，她非常勇于接受新事物，就算工作再有难度，她也会想尽办法完成。每当工作不能遂意或者生活不够顺心的时候，她总是闭上眼睛回忆登山时的情节，那时候才是真正的千难万险，此时自己又有什么看不开的呢？经过调整，迟娜不但更加斗志昂扬，而且往往思维更加活跃，获得新的灵感，从而，做出更好的成绩来。

中国自古就有很多巾帼不让须眉的女性，木兰从军，穆桂英挂

帅，在当今时代，女性依然不甘于单纯地在家相夫教子，她们也渴望在一个适合自己的平台上，像鹰一样搏击长空，像鱼一样遨游大海，做出自己的成绩。当然，她们不但有果敢的精神、刚毅的品质，也有着敢于挑战的勇气。

探险能锻炼一个人的意志力，探险之前需要做好充分的心理准备，探险开始时需要足够的勇气，探险的过程中需要足够的灵活机警，探险结束后更是回味无穷。对于时尚女性而言，探险休闲是一种极具挑战性的娱乐方式，以此为乐趣，不但让你在大自然的熏陶中得到心灵的净化，得到精神的放松，也能够在探险的启示下感悟人生。它能刺激你继续探索的品质、一往无前的精神，也能让你在漫漫的人生之路上勇于攀登，通过自己的不懈努力，走向一个又一个高峰。

# 空闲时间轻松聊天

很多人把聊天当做毫无意义的事情，当做是消磨时间的低级趣味的东西，在这些人看来，只有那些无所事事的人才会去做，那些喜欢聊天的人所说的永远都是无聊的话题，并不会带来任何的好处。其实，这是一种以偏概全的想法。

在与他人的交流中，你可以从谈话中获得一些重要的信息，也可以被别人流利的谈吐所吸引，甚至能学到一些宝贵的东西，不要以为聊天就是在浪费生命，有句话说得好，“休息是为了更好地学习和工作”，轻松地聊天，也能够放松紧张的神经，为平日那紧张而忙碌的生活注入一点活力，为自己放一个小假，才能更加激发自我，以便在工作与学习中取得更高的效率。

再者，人与人之间建立良好的关系，交流是一种不可缺少的方式，因此，聊天也是促进人际关系的重要手段。一个细心的女人会发现，聊天对于自己的长进也非常有意义，因为在与人交流的过程中，你会发现用什么样的方式跟别人说话才会获得别人的喜爱，从而提高自己说话的技巧。

而说话作为人际交流的一种重要方式，技能的提高也能让你在工作场合与社交场合表现得更加优秀。

## 聊天是获得信息的有效途径

纵然你的知识再渊博，也许有很多事情你仍然没有听说过，与别人聊天的时候，或许会轻松地带出某些话题，而别人的话语往往能够给你极好的参考，比如，你想考某个证书，也许从别人的口中可以获得相关经验；你想买哪种款式的衣服，或许对方能告诉你一个合适的店面地址；或许公司有什么重要信息你尚不知道，这可能对你非常重要，也许你能从与别人聊天的过程中得知。

聊天是一种互动的行为，你能无意中为别人提供一些信息，对方也同样能够为你提供一些有用的知识。因此，我们不得不说，聊天是获取信息的一条有效途径。

艾菲谈吐优雅而风趣，人又特别平和，所以，喜欢跟她聊天的人特别多。艾菲是一个追求高效率的女性，在别人看来，把时间用在聊天上跟她的风格严重地不相符。可是，艾菲却不这么认为，她觉得人具备说话的必要性，说话不只是为了工作，也可以用来放松自己。本来生活就已经够忙碌的了，如果不肯给自己一点时间去放松，那就相当于虐待自己。更何况，跟别人聊天，能够让自己的身心愉悦，何乐而不为？

后来，艾菲打算自己成立一个工作室，她已经熟悉了建立工作室的流程，甚至想过如果遇到问题该如何解决。可是，眼下面临的最大的问题却是没有足够的资金。

艾菲曾经在跟朋友聊天的时候无意中提到过想成立工作室，朋友问她，是不是真的有意，艾菲赶忙说非常想，只是万事俱备，只欠东风，并且道出了自己面临的问题。朋友说，她有个亲戚是专门做投资的，两个人也许可以合作。

果然，在朋友的拉拢下，艾菲跟朋友的那位亲戚聊得比较投机，而且正式成立了工作室，艾菲达成了所愿。

其实，艾菲顺利地成立工作室，完全是意外收获，正是通过自己和朋友之间的聊天，她才得到了日后的收获。

事实上，生活中这样的例子比比皆是，因为与人聊天不见得就是浪费时间，有时候反而会为你省略掉许多麻烦，让你更快更好地步入一个理想的状态。

现代的女性，会把一部分时间用在网络上，除了看电影、听音乐之外，也会从网上寻找一些自己需要的信息。也许你觉得从网上寻找信息更方便快捷，没必要从别人的口中得知，但是，聊天的作用不是只有获得信息这一条，还可以放松身心、增进人缘……很多上班族经常坐在电脑前，长时间的单一坐姿以及电脑的辐射都对身体损害较大，因此，聊天对你来说，或许是一种更好的休息方式。

**聊天是获得人缘的绝佳方法**

处理好人际关系，聊天是一个必不可少的环节。每个人都希望有个好朋友，而朋友之间，往往是通过聊天来相互了解、增进感情的，其实，只有两个人投机，才能够真正的情投意合。如果你只是把自己封闭起来，我行我素，那么别人难以了解你，也就更不要说与你建立良好的关系了。而你也只有跟别人交流，才会知道两个人有什么样的共同语言。也许你们有着共同的爱好，也许你们有着类似的经历，也许你们有着相同的人生观……

我们只有通过交流，才能更好地关怀别人，并且获得别人的关怀。在聊天的过程中，也许你会留意到别人在乎什么，需要什么，有

时候也会通过自己的举手之劳来帮助别人解决问题，那么你便收获了别人的感激之心。

由此可见，聊天不仅能够帮助你获得更多的信息，也能够增进人缘。良好的人缘不但让我们身心愉快，也会促进我们的生活与工作的进步。因此，千万不可小看聊天的作用，尝试着甩开工作的烦扰，投入到生活中去，利用空闲时间轻松聊天，那么，你将会收获更多。

# 理性地思考，感性地生活

有人说，人生不过是一种重复，不过是生老病死，即使有抚儿育女的乐趣，儿女也不过是继续着祖辈的生活，继续走入生老病死的藩篱。这种想法确实把人生的一种形式概括了出来，但是却掺入了太多悲观的情绪。其实，人生还有更多的色彩，并不只有阴晴的天气，也有美丽的彩虹。别人的一个微笑会让你感觉到一阵阵的暖意，一次小小的成功能给你带来喜悦，而家庭的幸福、生活的充实也会让你感觉到人生的美满。

生活需要计划性，需要条理性，但是切不可因此而放弃了对生活的享受。享受生活并不是指追求高消费的生活，追求舒适与安逸，而是善于发现生活中的美好，感受这份美好，并因此而获得人生的乐趣。当然，享受生活的同时，也不能毫无理性，毕竟幸福的生活离不开以奋斗为基础，以合理安排为前提。因此，理性地思考，感性地生活，才不会让生活毫无依托，而且才能够从生活中领略到各种幸福的滋味。人是一种情感性的动物，生活中应让理性与感性各自发挥作用，而不能让其中任何一种占据了主流，只有这样生活才会更加美好。

能够理性思考、感性生活的女人更有魅力，更能释放出青春的活力。首先，理性地思考，说明这个女人十分睿智。生活不可缺乏理

性，人生也需要理性，保持一个清醒的头脑，明白自己前进的路线，知道人生过程中的险阻，并且有着坚持奋斗的精神，无疑是非常可取的。理性意味着清晰的思维与明确的目标，拥有理性的女人，人生会更加充实。其次，感性地生活，说明这个女人对生活不是麻木的，而是充满热情的，会努力为生活添加一些美好的色彩。她们往往得到亲情的感染，拥有美好的友谊，具备各种不同的爱好，生活中的点点滴滴都能让她们记在心上，她们有着正常的喜怒哀乐，而她们的人生也不会是刻板的人生。

冷惠是一个有些悲观的女生，尽管刚刚大学毕业一年，可是整个人却有着与年龄极不相符的忧郁。她没有活力，看上去似乎比实际年龄老了许多，她不像其他女生那样，喜欢打扮，喜欢娱乐，照她的话，就算化妆化得再漂亮，可是卸了妆不还是原先的样子。她的话不多，与人交流时不会像其他女生那样对流行服饰胡吹海侃，也不会对未来津津乐道。

她常常思考人生的意义，可是却始终未能得出个所以然来。她觉得人生的路线是既定的，难以打破世俗与常规去改变，因此也就没有什么意义了。对于一个女人来说，轨迹就是上学，然后毕业工作，再则结婚生子，不过如此。正是因为她把人生看得如此简单，如此无趣，她的生活才失去了很多欢笑，整个人也没有太多活力。

冷惠的冷漠让人觉得可怕，甚至怀疑她是“冷血动物”，然而，有一件事情却改变了她的人生观。她得了一场重病，住进了医院，而且要进行一次大手术。这次手术要冒很大的危险，冷惠自己都感觉到害怕，生怕手术不能成功，因为她还留恋这个世界，还有很多事情没有做，还有很多东西没有体验过，此时的冷惠思绪万千。

也许是上天怜惜这个女孩，这次手术取得了成功，当冷惠睁开眼睛，她看到的是家人亲切的眼神，听到的是朋友真挚的问候，这些都让她心头洋溢着诸多暖意。之前，她只把这些当成了生活中理所当然存在的，前没有真正地去感受过。如今从鬼门关回来，她才发觉这些是如此的宝贵。从此，冷惠开始细心地感受生活中的点滴，她发觉，生活原来是这般美好，而不是她原先所想的那套程式化的东西。

有的人虽然不像冷惠这般消沉，可是却走入了另一个极端，生活中只有感性，毫无理性，她们的原则是女人青春没几年，人生得意须尽欢。她们放纵自己的青春，看似有着不羁的情怀，可是却进入了一种精神空虚的状态。其实，路漫漫其修远兮，我们可以享受青春，但是不可以挥霍青春，我们应该养精蓄锐，充实自己，这样才会让自己在漫漫人生路上越来越成功，越来越幸福。

人的生命是有限的，如果毫无节制地挥霍，最后不但会一事无成，还会让自己的人生满是负累。虽然我们不能无限延长生命的长度，却可以努力拓展生命的宽度，用有意义的事情来填充生活，让人生更加美好。尽管如此，我们也不能忽略了理性地思考这个重要方面，只有以清醒的头脑面对生活，才能够更好地驾驭生活，驾驭人生。

# 参考文献

[1] 姚娟. 修养何来 [M]. 北京：中国画报出版社，2007.

[2] 高华. 女人的修养与智慧全集 [M]. 北京：朝华出版社，2008.

[3] 孙朦. 女人的修养与社交处世智慧 [M]. 北京：海潮出版社，2009.

## 内容提要

做人要有修养，做女人更要有修养，尤其是爱美的女人。因为女人的美不单体现在漂亮的脸蛋、华丽的服饰上，更体现在得体的礼仪、优雅的谈吐举止上；不单体现在羸弱娇羞的魅性中，还体现在腹有诗书的知性和长袖善舞的灵性中……女人要想美得彻底，就一定不能只重视靓丽的外表而忽视丰富的内涵。本书旨在教给女人如何提升自身的修养，让自己呈现出自信、宽容、独立、成熟、风情，从而让美丽的色彩不会随着岁月流逝而渐失光泽，使自己变得静若幽兰，芬芳四溢，耀眼迷人。

**图书在版编目(CIP)数据**

女人修养全攻略：做个由内而外的美丽女人/咖啡猫女著．—北京：中国纺织出版社，2011.2
ISBN 978-7-5064-7032-2

Ⅰ．①女… Ⅱ．①咖… Ⅲ．①女性—修养—通俗读物 Ⅳ．①B825-49

中国版本图书馆 CIP 数据核字(2010)第 226813 号

---

策划编辑：王　慧　　责任编辑：江　飞
特约编辑：李巧新　　责任印制：周　强

---

中国纺织出版社出版发行
地址：北京东直门南大街 6 号　邮政编码：100027
邮购电话：010—64168110　传真：010—64168231
http://www.c-textilep.com
E-mail：faxing@c-textilep.com
北京华戈印务有限公司印刷　各地新华书店经销
2011 年 2 月第 1 版　2015 年 2 月 第 2 次印刷
开本：710×1000　1/16　印张：19.5
字数：197 千字　定价：32.80 元

---